烹调工艺与营养专业系列教材

面包制作教程

马庆文　王庆活　主编

中国财富出版社有限公司

图书在版编目（CIP）数据

面包制作教程 / 马庆文，王庆活主编. —北京：中国财富出版社有限公司，2021.2

（烹调工艺与营养专业系列教材）

ISBN 978-7-5047-7278-7

Ⅰ.①面…　Ⅱ.①马…②王…　Ⅲ.①面包—制作—教材　Ⅳ.①TS213.21

中国版本图书馆 CIP 数据核字（2021）第025743号

策划编辑　李　丽　　**责任编辑**　戴海林　崔晨芳

责任印制　尚立业　　**责任校对**　孙丽丽　　**责任发行**　杨　江

出版发行	中国财富出版社有限公司		
社　　址	北京市丰台区南四环西路188号5区20楼	**邮政编码**	100070
电　　话	010-52227588 转 2098（发行部）		010-52227588 转 321（总编室）
	010-52227588 转 100（读者服务部）		010-52227588 转 305（质检部）
网　　址	http://www.cfpress.com.cn	**排　　版**	宝蕾元
经　　销	新华书店	**印　　刷**	天津市仁浩印刷有限公司
书　　号	ISBN 978-7-5047-7278-7 / TS・0110		
开　　本	787mm×1092mm　1/16	**版　　次**	2021 年 2 月第 1 版
印　　张	10.75	**印　　次**	2021 年 2 月第 1 次印刷
字　　数	229 千字	**定　　价**	52.00 元

前　言

进入 21 世纪以来，人民生活水平不断提高，其饮食结构也发生了很大的变化，特别是对品种多样的西式点心的需求急剧增加。现在，精美的面包、蛋糕等西式点心已经走入“寻常百姓家”，成为人们日常饮食的一部分。市场的需求必将带动产业的发展，同时对西点从业人员的生产技能提出更高的要求。

本书从生产实际出发，对西点制作中常用的原材料、生产工艺、制作技术做了系统的整理和阐述，同时结合作者多年的工作经验，对生产制作中的重点、难点做了详细的分析和说明。本书最大的特色是将生产理论与实际制作中所遇到的问题紧密结合，书中所列产品配方均借鉴了 2006 年后我国珠三角地区各西点食品企业和饭店的资料。

本书是根据国家职业标准对西式面点师的要求编写的，可作为高职高专、中职相关专业的教材，也可作为职业培训教材。本书配有大量的说明图片，便于初学者学习，是西点从业人员和点心制作爱好者的良师益友。书中收集的产品配方非常系统、齐全，可直接作为面包店和饭店的产品菜单使用。本书还对点心风味做了充分分析，读者只要依照书中的做法，就能非常容易地学会制作精美的西式点心。

本书在编写过程中，得到了广州市多家饭店和西点食品企业的帮助，他们为本书的编写提供了大量的资料、制作设备和材料，在此表示衷心的感谢，同时对肖艾雄先生及其团队、熊居煌先生及其研发团队的支持表示感谢。

编者

2020 年 10 月

目录

第一章 入门指导

第一节 面包制作常用的设备

一、烤炉

（一）隔层式烤炉

隔层式烤炉是目前烘焙企业广泛使用的烤炉之一，其各层烤室相互独立，每层烤室的上火与下火分别控制，可实现多种制品同时烘焙。这种烤炉又可分为电热烤炉和燃气烤炉。

隔层式烤炉

1. 电热烤炉

此类烤炉以远红外涂层电热管为加热组件，上下各层按不同功率排布，并装有炉内热风强制循环装置，使炉膛内各处温度保持均匀一致。控制面板装有上下火温控制器、定时报警器、观察灯开关等，方便操作。目前我国小型饼屋、酒店及宾馆普遍采用这一类烤炉。

2. 燃气烤炉

燃气烤炉以液化石油气为能源，它一般采用比较先进的液晶电子仪表控制上下火温，还具有隔层式运气通道、常闭自动电磁阀、防泄漏的点火与报警装置。此类烤炉率先解决了用电热式烤炉需要三相交流电的问题，并且节能省电，特别是在电价高的商业区，其成本优势更加明显。

（二）热风炉和隧道炉

隔层式烤炉适合小规模、少量生产，热效率比较低，大中型的食品厂多采用热风炉和隧道炉。这两种烤炉工作效率高，可连续生产，能最大限度地节约人力和能源。

热风炉

隧道炉

重点难点分析

（1）在使用烤炉烘烤面包时，一定要等烤炉温度升到要求的温度时才能放入制品烘烤，原因是烤炉控温器测出的温度是烤炉内的平均温度，烤炉在加热时，上层加热装置附近的温度远远高于显示温度，燃气烤炉最为明显。初学者常犯的错误是，没有等烤炉加热至所需的温度就放入制品，致使烤炉长时间处于加热状态，结果烘烤出来的制品表面焦黑。

（2）燃气烤炉在点火前要先打开炉门，散去炉内的气体，这是为了防止燃气泄漏，点火后发生爆炸。同理，如果燃气烤炉连续点火失败、报警后，就要打开炉门，疏导炉内泄漏的气体，防止事故发生。

二、高速面团搅拌机

高速面团搅拌机主要用来搅拌面包面团，在使用时尽量选择有高、低两速功能，能正转和反转的机器，这是因为在面团搅拌的初期阶段，特别需要反转功能，能使原料更快混合均匀。

在使用搅拌机时要注意安全，不能把手伸进搅拌桶，以免发生意外。

高速面团搅拌机

高速压面机

三、压面机

在制作硬质面包时，面团含水分比较低，单纯用搅拌机无法使面筋扩张，此时要用压面机反复碾压，才能使面筋扩张。使用压面机时，最好选择高速压面机，这种机器效率高，省时省力。

在使用压面机时，同样要注意安全，不能把手伸过护栏。使用完后要注意保养，特别是不能用水冲洗轧辊，防止生锈。

发酵箱

四、发酵箱

发酵箱的主要功能是定温、保温、保湿，为面包发酵提供适宜的温度和湿度。常用的热风循环发酵箱就是根据面包发酵原理和要求设计的一种电热产品，它使用自动控制器，使电热管发热产生热量和蒸汽，通过热风循环，使发酵箱内产生相对湿度为60%～90%、温度为36℃～38℃的最佳发酵环境。

发酵箱多采用不锈钢材质制作，设有玻璃视窗和照明设备，便于观察面包的发酵情况，美观耐用。发酵箱中间有隔热夹层，起保温作用。

小型面包店广泛使用一种比较简单的发酵箱，发酵箱内设有一个水槽，水槽中装有电热管，电热管发热产生热量和蒸汽，使发酵箱内保持相对稳定的温度和湿度。在使用这种发酵箱时，水槽内的水要保持充足，防止水量不足导致电热管温度过高而烧毁。

五、起酥机

起酥机又叫开酥机，多用于制作丹麦松质面包、清酥类点心等。点心面坯在起酥机上经过反复碾压，压成所需要的薄片。与传统手工方式相比，用起酥机制作具有省

起酥机

时省力，制作出的点心面坯厚薄均匀、表皮不易破裂等优点。

（1）在使用起酥机时，操作人员不能把手伸过轧辊两端的保护栏，否则很容易因传送带的惯性把手臂卷入轧辊，造成意外事故。

（2）在上部轧辊两侧，有两个装面粉的窝槽，窝槽中的面粉是防止轧辊粘连所碾压的制品用的，要保持充足。同样，碾压的制品表面也要适量撒一些面粉，防止粘连。

（3）不能用刀具在传送带上切割面坯，因为传送带一旦出现裂纹，很快就会断裂。

六、面团分块机

面团分块机的作用是将面团快速、等量分割成所需的小面块，分块机能将称好重量的面团分割成 36 个重量相同的小面块，分割范围在 30～120g。

面团分块机工作效率高，并且能确保面块重量、大小一致，是一般面包生产过程中必备的设备。有的面团分块机还带有搓圆功能，可以最大限度地节省人力。

面团分块机

七、冷柜和冷库

冷柜是制作西点面包必不可少的设备，这是因为大部

分西点制品都需要冷冻后成型，大量的半成品馅料也需要冷柜来储藏。

家庭用的冰箱并不适合制作西点，无论是清洗还是存放物料都不方便。通常小型饼房多采用不锈钢专用冷柜，它的每个冷冻室都设有可调节的网架结构，可根据需要调节，充分利用空间。

大中型企业则建有专用冷库，冷库制冷效率高，使用方便。冷库都配有专用的货架，物品存放、进出都比较方便，省时省力。

四门不锈钢冷柜

小型冷库

八、吐司整型机

吐司整型机可以大量制作吐司面包，它也可用来制作长棍面包，主要是通过调节压板的高度，控制面团的大小。

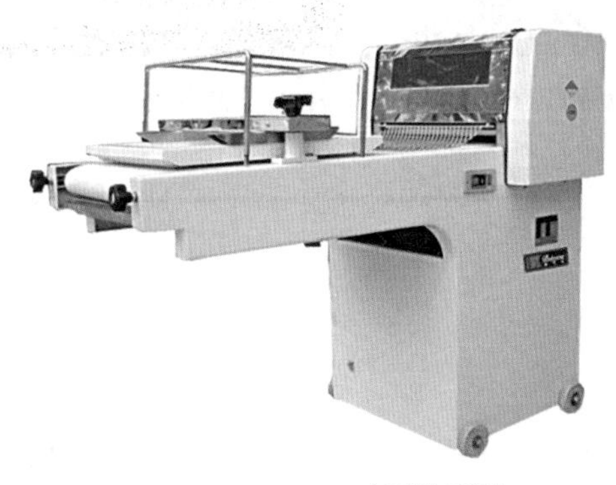

吐司整型机

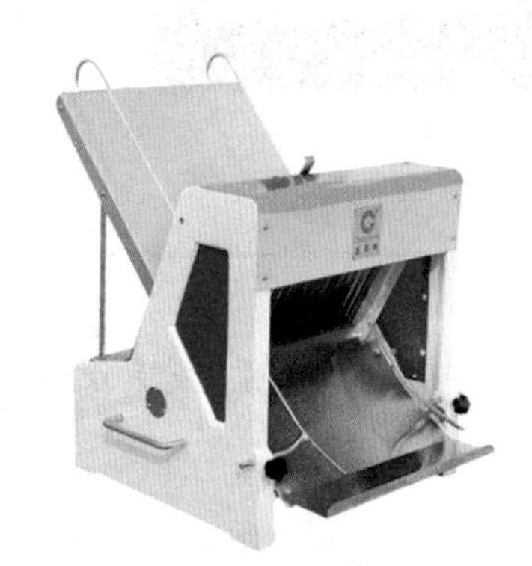

面包切片机

九、面包切片机

面包切片机可以快速将吐司面包切成等厚的 32 片，省时省力，特别适合制作三明治面包。

十、工作台

工作台是制作西点必不可少的设备，常见的有不锈钢工作台、大理石工作台、木质工作台。

不锈钢工作台表面光滑平整、容易清洁，最适合面包成型，日常工作也比较方便，为大多食品厂所采用。大理石工作台表面光滑平整，适合制作巧克力、糖艺制品。木质工作台适合制作丹麦面包、清酥类点心，但是不适合面包成型。

第二节　面包制作常用的工具

一、烤盘

烤盘是烘烤面点的重要工具，其种类很多，常用的有两种：直角深腰烤盘和圆角浅身烤盘。直角深腰烤盘多用于烘烤蛋糕，而圆角浅身烤盘多用于烘烤西饼、面包。圆角浅身烤盘最好采用经过不粘处理的，如涂有“特氟龙”或烤盘表面有网纹设计的，这些烤盘使用时不需要扫油，制品不粘烤盘，容易脱模。

直角深腰烤盘

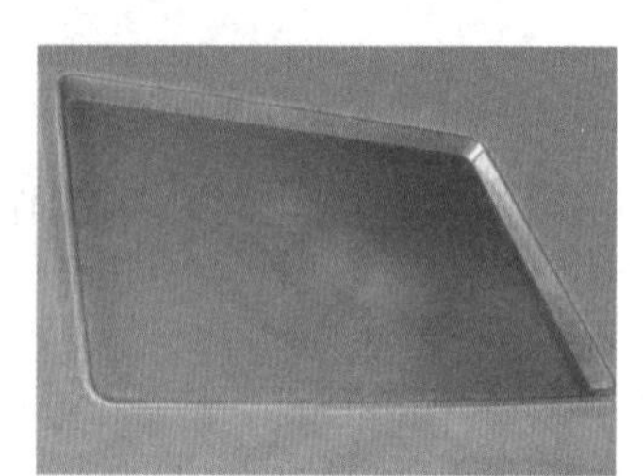

圆角浅身烤盘

表面有网纹设计的圆角浅身烤盘

新烤盘（不包括不粘烤盘）在使用前要经过清洁、涂油、加热等工序，使表面形成一层光亮坚固的油膜保护层，这样的烤盘在使用过程中才不会生锈，并且方便脱模，其处理程序如下：

（1）清洗烤盘。用洗洁精或热碱水将烤盘表面的污物清洗干净，再用清水冲洗，晾干水分。

（2）第一次加热处理。把烤盘放入炉中，以 250℃ 的炉温烤 30 分钟，使烤盘表面形成一层氧化膜，取出冷却。

（3）涂油。在烤盘表面扫上一层色拉油，要求均匀，不能太多。

（4）第二次加热处理。将涂好油的烤盘放入炉中，以 250℃ 的炉温烤 30 分钟，此时烤盘表面已经形成一层油亮的保护层。

二、法式长棍面包模

法式长棍面包模主要用来制作法式长棍面包。

法式长棍面包模

三、不带盖吐司模

不带盖吐司模主要用来制作不带盖吐司面包。

不带盖吐司模

四、带盖吐司模

带盖吐司模主要用来制作带盖吐司面包，国内又叫方包模。

带盖吐司模

五、台秤

面包配方的比例非常重要，一定要准确称量，常用的称量工具是台秤，有弹簧秤和电子秤两种。

弹簧秤使用方便，不容易损坏，可以选择最大称重为 4000g、最小称重为 50g 的型号，主要用来称量 100g 以上的物料。

电子秤精度高，能达到 1g，但是容易损坏，主要用来称量 2000g 以下的物料。

（1）弹簧秤

（2）电子秤

（3）落地式电子磅秤

（4）小型电子秤

台秤

其他常见台秤还有落地式电子磅秤和小型电子秤。落地式电子磅秤精度达到 1g，可称量 1000g 以上的物料，多用于工厂、企业，使用方便，小型电子秤精度达到 0.5g，可称量 50g 以下的物料。

六、不锈钢物料盆

不锈钢物料盆使用比较方便，可以直接在火上加热，也比较卫生。

不锈钢物料盆

七、量杯

量杯主要用来称量水、油、蛋液等液体物料，非常方便。使用时应注意：水的密度为 1kg/m^3，食用油的密度约为 0.9kg/m^3，蛋液的密度约等于 1kg/m^3，在根据体积计算质量时要加以区别。

量杯

八、温度计

常用的温度计有酒精温度计和电子温度计两种，电子温度计不易破碎，携带方便，比较常用。

电子温度计

九、抹刀

抹刀主要用来涂抹奶油或馅料。

十、锯刀

锯刀主要用来切割面包制品。

十一、毛刷

毛刷主要用来扫蛋液。

十二、粉筛

粉筛用于筛除物料异物，使物料充分混合。

十三、刮板

刮板用来切割面团，清洁烤盘、模具等，用途非常多。

十四、擀面棍

面包成型用擀面棍，红木材质的擀面棍比较好。

十五、酥棍

酥棍主要用来手工开酥。

十六、铲刀

铲刀用来移动制品。

十七、打蛋器

打蛋器用来混合物料、搅拌蛋液。

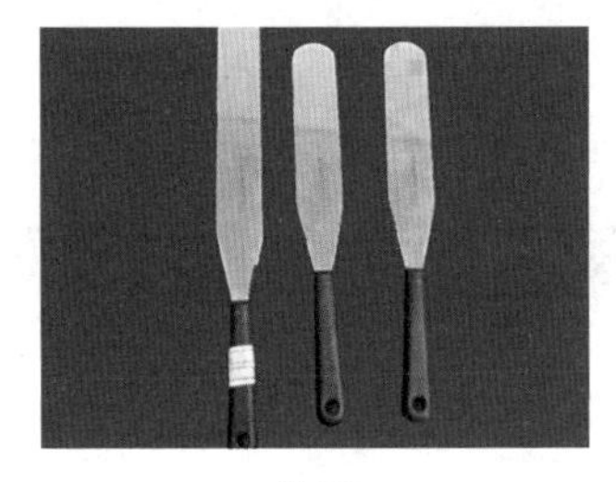

抹刀

锯刀

毛刷

粉筛

刮板

擀面棍

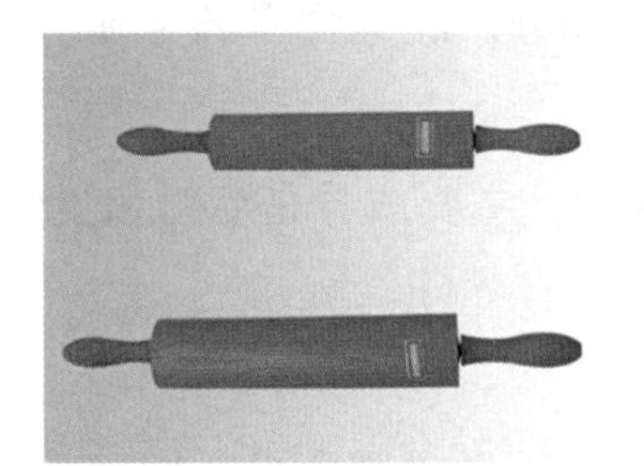

酥棍

铲刀

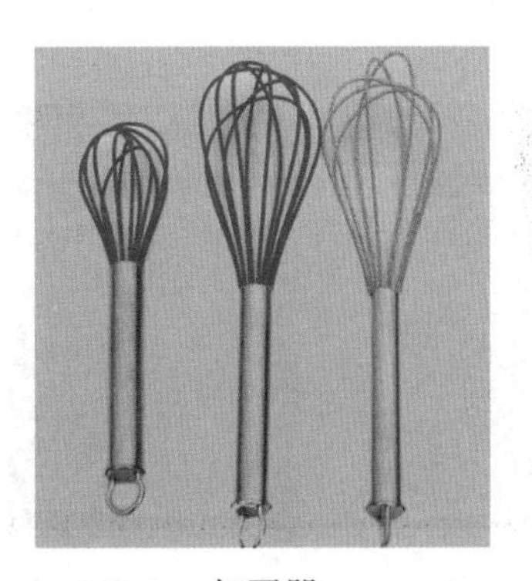

打蛋器

第二章 原料知识

第一节 小麦面粉

小麦面粉是由小麦研磨加工而成的，是生产面包的主要原料。

一、小麦的种类

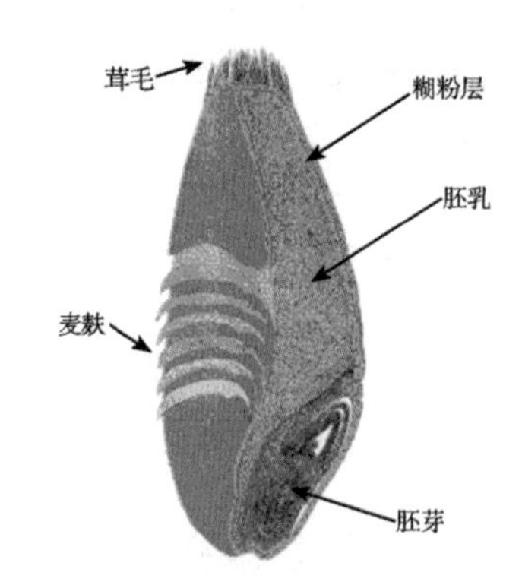

小麦粒的构成

小麦一般分为硬质小麦和软质小麦，主要产地是北美洲、欧洲以及我国北部。硬质小麦含更多的蛋白质，其面粉面筋含量高、筋力强，适合制作面包产品；软质小麦蛋白质含量低，其面粉面筋含量低、筋力弱。

小麦粒主要由三部分组成：麦麸、胚芽、胚乳。其中麦麸由茸毛、麦皮和植物层构成。

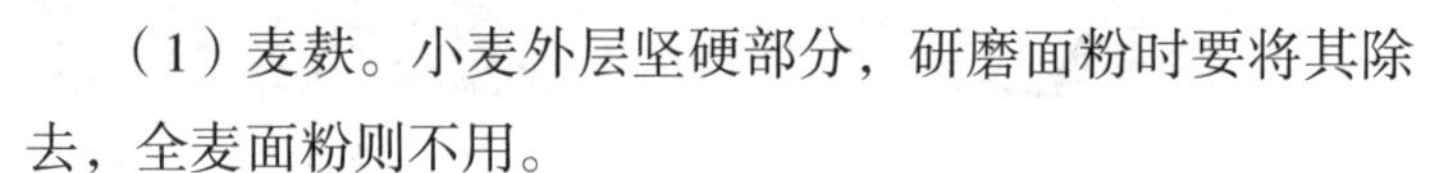

（1）麦麸。小麦外层坚硬部分，研磨面粉时要将其除去，全麦面粉则不用。

（2）胚芽。小麦萌芽的部分，胚芽含有胚芽油，容易酸败，这也是全麦面粉比较难保存的主要原因。

（3）胚乳。小麦内层部分，主要成分是淀粉和蛋白质。

二、小麦面粉的种类

在西点制作中，常根据面粉蛋白质含量，即筋力强弱，把小麦面粉分为三种：高筋面粉、中筋面粉、低筋面粉。而现在越来越多的全麦面粉是一种比较特殊的面粉。

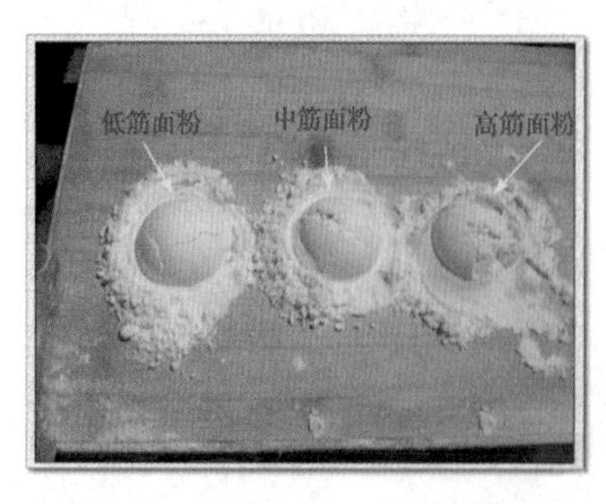

高筋面粉、中筋面粉、低筋面粉对比

全麦面粉

1. 高筋面粉

高筋面粉多用来制作面包，又叫面包粉，高筋面粉取自小麦靠近表皮的部位，因此颜色比低筋面粉深。用手抓取一把面粉，手一张开，面粉会立即散开，不易成团状，手感比较粗糙。

2. 中筋面粉

中筋面粉一般用来制作各式中点，如包子、馒头等，西点常用来制作油脂类蛋糕、派、蛋挞等。

3. 低筋面粉

低筋面粉取自小麦靠近中心的部位，因此颜色比高筋面粉白。用手抓一把面粉，手张开，面粉不会立即散开。低筋面粉的手感比较细腻，常用来制作蛋糕、饼干等。

4. 全麦面粉

全麦面粉由整个麦粒研磨而成，主要用来制作全麦面包、饼干等。全麦面粉含有胚芽油，容易变质，不易保存，开封后应尽快用完。

三、小麦面粉的化学组成

面粉主要由蛋白质、碳水化合物、脂肪、矿物质和水分组成，此外还有少量的维生素和酶。

1. 蛋白质

小麦制粉后，保留在面粉中的蛋白质主要是醇溶蛋白和谷蛋白。醇溶蛋白和谷蛋白为贮藏蛋白质，是面筋的主要成分。二者的数量和比例关系决定着面筋质量，醇溶蛋白占小麦蛋白质总量的40%～50%，富有黏性、延展性和膨胀性。谷蛋白占小麦蛋白质总量的35%～45%，决定面筋的弹性，其在面粉、面筋中的含量多少和质量好坏与面包烘烤品质有关。

在调制面团时，蛋白质迅速吸水膨胀，在面团中形成坚实的面筋网络结构，与淀粉和其他非溶性物质一起形成湿面筋。在烘烤过程中，蛋白质遇热失去水分而变性，变性后的蛋白质失去原有的弹性和延展性，构成点心制品的骨架。

2. 碳水化合物

碳水化合物是面粉中含量最高的化学成分，约占面粉的85%，主要包括淀粉、纤维素等。

淀粉不溶于冷水，但是与水形成的悬浮液遇热膨胀，形成糊状胶体，这就是淀粉的糊化作用。在面包的制作中，常利用淀粉的糊化作用制作出不同风味的馅料和产品，如烫面面包等。

纤维素坚韧、不溶于水、难消化，是一种与淀粉相似的碳水化合物。小麦中的纤维素主要集中在麦麸中。面粉中麦麸含量过多，会影响点心的外观和口感，但是面粉中含有一定数量的纤维素有利于胃肠的蠕动，能促进人体对其他营养成分的消化吸收。

3. 脂肪

面粉中的脂肪含量为1%～2%，主要由不饱和脂肪酸组成，其易因氧化和酶水解而酸败。因此，为了延长面粉的储存期，在制粉时要除去脂肪含量高的胚芽，以减少面粉中脂肪的含量。

4. 矿物质

面粉中的矿物质含量是用灰分来表示的，面粉中灰分含量的高低是评定面粉品级的重要指标。我国国家标准规定，特制一等粉灰分含量不超过0.70%，特制二等粉灰分含量不超过0.85%，标准粉灰分含量不超过1.10%，普通粉灰分含量不超过1.40%。

5. 维生素

面粉中维生素含量比较低，主要含有维生素B_1、维生素B_2、维生素B_5、维生素E和少量维生素A，基本不含维生素D、维生素C。所以在制作点心时为了弥补面粉中维生素含量的不足，可添加人工合成维生素，使点心的营养结构更加合理。

西点制作时经常用到淀粉来改善制品的组织和口感。常用的淀粉有玉米淀粉、变性淀粉、速溶淀粉等。

（1）玉米淀粉。玉米淀粉可增加黏稠度，其制品冷却后有凝胶的感觉。因此，常把玉米淀粉添加到蛋糕制品里面，使制品更加嫩滑，也可以用来加工奶油派和制品定型。

（2）变性淀粉。变性淀粉在加热时会变得非常清澈透明，常用来制作果膏、果酱、水果馅等。

（3）速溶淀粉。速溶淀粉是经过预先煮熟及胶化处理的淀粉，加冷水即变得黏稠，加热后反而会破坏制品本身的味道。目前，市面上常见的速溶吉士粉就是其中一种，一份速溶吉士粉可以加入三份水，口味类似于奶黄馅，常用来制作各种风味的馅料。

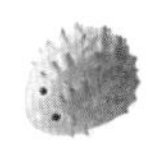

第二节　糖

细砂糖

糖和淀粉都属于碳水化合物，在面包中的作用主要是：

（1）增加面包制品甜味。

（2）增加面包制品表面的色泽。

（3）软化面筋结构，使制品的质地更加细腻。

（4）保持水分，延长产品货架寿命。

红糖

1. 砂糖

砂糖有粗细之分。颗粒大的粗砂糖常用来制作面包，颗粒小的细砂糖适合制作蛋糕和西饼。

2. 糖粉

糖粉是将砂糖研磨成粉而制成的，为防止结块，常加入一定量的防潮淀粉（3%～5%），在面包生产中，糖粉主要用来制作各种馅料，也可以撒在制品表面，起装饰作用。

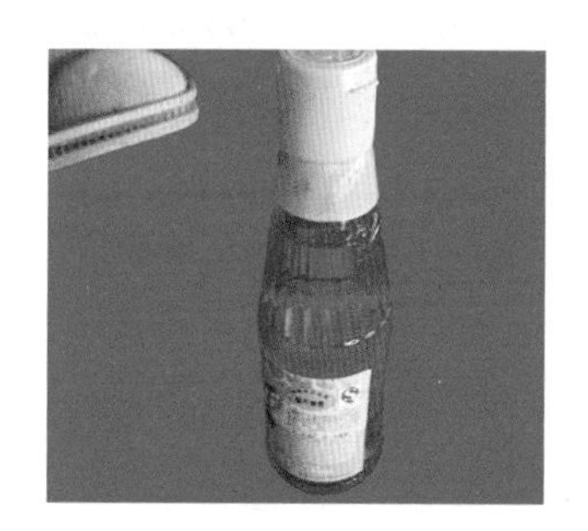
蜂蜜

3. 红糖

红糖的主要成分是蔗糖（85%～92%），含有少量焦糖、糖蜜及其他杂质，红糖颜色深红，有焦糖的苦甜味。

4. 蜂蜜

蜂蜜是一种天然糖浆，风味独特。在西点制品中加入少量蜂蜜，可以增加制品风味。蜂蜜含有转化糖，能使烘焙食品的颜色更深，具有保湿作用，添加蜂蜜的西点制品在烘烤时要注意炉温，避免成品颜色过深。

燕麦蜂蜜面包

右图为添加蜂蜜的燕麦蜂蜜面包，表皮颜色明显比较深。

5. 玉米糖浆

玉米糖浆是玉米淀粉在各种酶的作用下转化成的更简单的化合物，它的主要成分是以葡萄糖为主的各种糖类，具有抗结晶的特点，能够提高制品的保湿性。在制作糖艺制品时加入一定量的玉米糖浆，可以使制品晶莹透亮。

玉米糖浆

6. 麦芽糖

麦芽糖是从已发芽的大麦中提取出来的一种胶状物，它的甜度不如蔗糖，口味苦中带甜。麦芽糖一般会被制成麦芽糖浆，麦芽糖浆常用来加深制品表面颜色，例如在制作鸡仔饼时，加入少许麦芽糖浆，可以使制品烘烤后呈现红褐色。

麦芽糖浆

各种糖的甜度是不同的，要灵活使用，加以区别。例如，在制作沙琪玛时，加入部分麦芽糖浆、玉米糖浆，可以降低制品的甜味，吃起来甜而不腻。各种糖（糖浆）的甜度由高到低排列如下：

果糖＞蜂蜜＞蔗糖＞葡萄糖＞麦芽糖浆。

第三节　油脂

制作西点常用的油脂有黄油、人造黄油、起酥油、色拉油等。

1. 黄油

黄油又叫白脱。牛奶中的脂肪呈小油滴状悬浮于乳液，把这些脂肪分离提取出来，就是黄油，又因为其中含有胡萝卜素和叶黄素，故呈黄色。黄油是一种纯净脂肪，含丰富的蛋白质和卵磷脂，有良好的乳化性，但是由于价格昂贵，目前国内使用比较少，多用来制作夹心馅料。

黄油

随着技术的进步，人们研发出了人造黄油，作为天然黄油的替代品。人造黄油由动植物油经过氢化制成，添加有香料、乳化剂、防腐剂等，多用来制作面包、西饼等。国内烘焙行业常根据人造黄油是否含有水，给予其不同的称谓。

（1）酥油是不含水的人造黄油，因此也叫无水酥油，多用来生产面包、小西饼等。

（2）黄奶油是一种含水的人造黄油，多含有胡萝卜素，部分产品含有盐，多用来

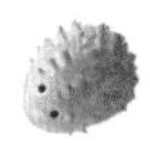

制作派、蛋挞、奶油蛋糕等。

（3）白奶油是一种含水的人造黄油，多用来制作夹心和清酥类点心，也可以用来制作裱花蛋糕，但是口感不好。

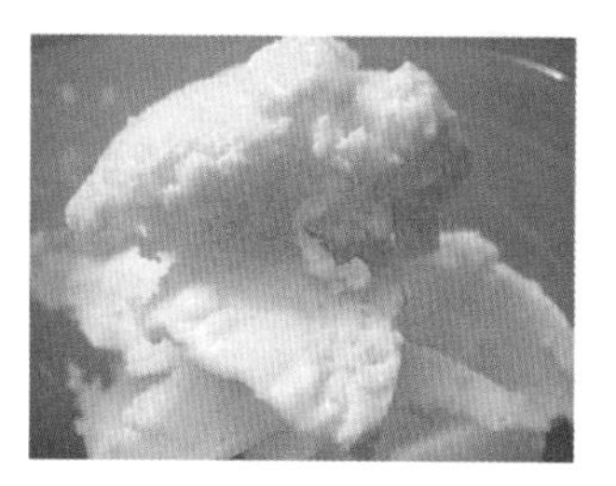
白奶油

2. 起酥油

起酥油是人造黄油的一种，起酥油和一般的酥油有所不同，它是以低熔点的牛油混合其他动物油或植物油做成的高熔点油脂，它的熔点通常都在44℃以上。起酥油常做成片状，因此也叫作片状起酥油，它有良好的可塑性、乳化性。起酥油适合制作有层次感的面团，多用于制作丹麦面包、清油类点心等。

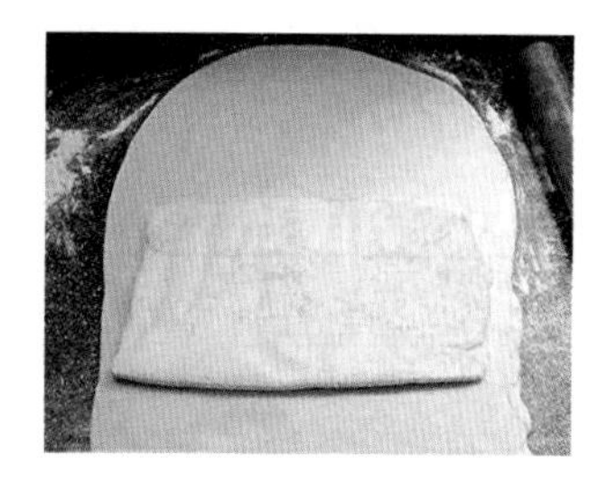
起酥油

3. 色拉油

色拉油，又译作“沙拉油”，是植物油经过脱酸、脱杂、脱磷、脱色和脱臭五道工艺处理之后制成的食用油，特点是色泽澄清透亮，气味新鲜清淡，加热时不变色、无泡沫，油烟很少，并且不含黄曲霉素和胆固醇。色拉油常用来制作沙拉酱、蛋糕等。

油脂在面包制作过程中主要有以下几个作用：

（1）增强面团的可塑性。

（2）降低面团的筋力和黏性。

（3）保持制品组织柔软，延缓淀粉老化，延长制品的货架寿命。

油脂的酸败

油脂在存放期间，往往会发生一系列复杂的化学反应，而产生一种难闻的气味，这种现象就是由油脂的酸败作用引起的。酸败作用可由两个途径产生。

（1）水解酸败：由水解作用引起的油脂酸败，高温及水分的存在均会使其发生。

（2）氧化酸败：空气中的氧使油脂发生自动氧化，生成低级的醛、酮、酸等具有恶臭气味的物质。高温、紫外线、潮湿等因素都会加速油脂的氧化酸败。因此，油脂不能用铁罐存放，不能放置于高温处，还要避免阳光的直射，以免发生酸败作用。

第四节　牛奶与乳制品

牛奶与乳制品在西点制作中的用途非常多，在面包制品中加入牛奶与乳制品可以提高制品的营养价值，增加风味。

1. 牛奶

牛奶是一种由水、蛋白质、乳糖、脂肪等组成的乳浊液。其成分及含量如下表所示：

牛奶的成分和含量

成分	含量
水	87.5%~87.6%
蛋白质	3.3%~3.5%
乳糖	4.6%~4.7%
脂肪	3.4%~3.8%

牛奶中含有乳糖，加入牛奶的面包制品在烘烤后会呈现出诱人的橙黄色。

在生产制作时，如果没有牛奶，常用 1 份奶粉加 9 份水来替代。

2. 奶粉

奶粉是鲜奶经蒸发除去水分并经巴氏灭菌后喷雾干燥（或滚筒干燥）而制得的粉状品，根据脱脂与否分为脱脂奶粉和全脂奶粉。

全脂奶粉含有油脂成分，易酸败，难溶解，不易保存；脱脂奶粉因脂肪含量极少，具有不易氧化和耐贮藏等特点，是制作饼干、糕点、面包、冰激凌等食品的最佳原料。

3. 炼乳

炼乳是将牛奶中约 60% 的水除去，加入大量糖制成的，因此在使用时注意要减少配方中的糖的用量。

4. 奶酪

奶酪又名干酪、起司、芝士，是牛奶发酵之后经过消毒、加热等工艺后制成的食品。大多数奶酪呈白色或金黄色，传统的奶酪含有丰富的蛋白质、脂肪、维生素 A、钙和磷。

奶酪主要用来制作奶酪蛋糕、奶酪派、比萨等。

奶酪

牛奶与乳制品在面包中的作用主要有以下几种：

（1）提高制品的营养价值。

（2）增加制品风味、香味以及制品表皮色泽。

（3）延长制品的货架寿命。

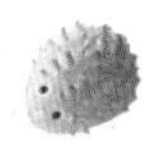

重点难点分析

在制作面包时，通常加入一定量的奶粉，约为面粉量的 4%，其作用主要有以下几个方面：

（1）在面包制品中添加一定量的奶粉，可以起到着色的作用，即业内常说的“上色”。这是因为奶粉中含有乳糖，乳糖与蛋白质中的氨基酸在烘烤过程中发生褐变反应，会形成诱人的金黄色。

（2）提高了面团筋力和搅拌耐力。乳制品含有大量乳蛋白，对面筋具有一定的增强作用，能提高面团的筋力和强度，加入乳制品的面团更适合高速搅拌，从而改善面包的组织和体积。

（3）提高面团的发酵耐力。奶粉可以抑制淀粉酶的活力，同时对面团发酵过程中产生的酸性物质具有缓冲作用。实验表明，添加有乳制品的面团要比没有添加乳制品的面团发酵速度慢，能使面团发酵均匀。

（4）乳制品还有提高面包制品的营养价值、延缓面包老化的作用。

第五节　蛋类

在面包制作中使用的蛋主要是鸡蛋，在面包制品中加入一定量的鸡蛋，可以改善制品组织，增大体积，鸡蛋也是制作蛋糕的基本原料。

1. 鸡蛋

鸡蛋是由蛋壳、蛋白、蛋黄组成的，其中蛋壳重量占 10%、蛋黄占 30%、蛋白占 60%。

在行业内常把除去蛋壳后的蛋（蛋黄和蛋白）称为全蛋或净蛋，其中蛋白占 2/3，蛋黄占 1/3。

蛋黄和蛋白

2. 鸡蛋的性质

（1）起泡性。鸡蛋在搅拌时能够与空气形成泡沫，并融合面粉、糖等其他原料，固化成薄膜，增加面糊的膨胀力和体积。当烘烤时，泡沫内的气体受热膨胀，使西点制品形成疏松多孔的组织。

（2）热变性。鸡蛋中含有大量的蛋白质，蛋白质加热至 58℃ ~ 60℃ 会变性凝固，当烘烤后，凝固物失水成为凝胶。

对于其性质有如下两点需要注意：

①在制作泡芙时，必须等面糊冷却到50℃时才可以加蛋，如果温度太高，蛋中的蛋白质会变性凝固，泡芙在烘烤时就不会起发。

②面包表皮在烘烤前扫蛋液，会在烘烤后形成一层蛋白质凝胶，使面包表皮光亮。

（3）乳化性。蛋黄中含有的卵磷脂，是一种天然的乳化剂，在面包制品中添加适量的鸡蛋，能够改善面包的组织和体积，使面包组织细腻、体积膨松。例如，本书中介绍的牛油排包（蛋含量为面粉量的15%），其组织和体积明显优于其他类型的面包制品。

（1）蛋制品还包括冰蛋、全蛋粉、蛋白粉、蛋黄粉等，由于性价比太低，在国内烘焙行业很少用。

（2）蛋液的密度约等于1，在专业化生产中，称量蛋液的质量很不方便，通常用量杯量出蛋液的体积，间接估算质量，如1000ml的蛋液质量约为1000g。

第六节　膨松剂

面包师在制作西点面包时，用各种方法充入一定量的气体，在烘焙过程中受热膨胀，使产品体积增大，形成疏松的组织结构。膨松方法可以分为三种：物理膨松、生物膨松、化学膨松。

（1）物理膨松。通过物理搅拌的方法，使面糊充入空气，利用蛋液的起泡性形成稳定的泡沫结构，达到膨松的目的。

（2）生物膨松。通过生物发酵的方法，产生二氧化碳气体，达到膨松的目的。

（3）化学膨松。通过加入化学起泡剂的方法，在制作和烘烤过程中产生气体，达到膨松的目的，例如，圣诞节制作的各种姜饼。

在面包制作中，常采用生物膨松的方法，下面是常用的几种生物和化学膨松剂。

一、酵母

酵母是一种真菌，它在有氧和无氧的条件下都能存活。在适当的条件下，酵母进行强烈的呼吸作用，产生二氧化碳气体、酒精等风味物质。

在制作面包时加入一定量的酵母，酵母在繁殖过程中产生大量的二氧化碳气体，

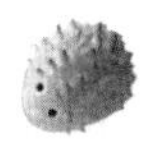

这些气体被面团的面筋网络包裹而不能逸出，从而使面团获得膨松的体积。

1. 常见酵母的种类

国内市场上常见的酵母有两种：压榨鲜酵母和速发干酵母。

（1）压榨鲜酵母。压榨鲜酵母通常呈长方块状，颜色灰白。鲜酵母的活性和发酵力较低，不易储存，一般在0℃～4℃环境保存，使用前还要用30℃～35℃的温水活化，极其不便。但是，压榨鲜酵母耐低温，不怕冷冻，特别适合用“冷冻面团工艺”生产面包的企业。

目前，我国南方大部分企业在面包生产中采用“冷冻面团工艺”，实验表明，使用鲜酵母，经过24小时冷冻储存后发酵，面包体积比同样条件下用干酵母大5%～10%，经过48小时储存后发酵，面包体积比同样条件下用干酵母大10%～15%。

（2）速发干酵母。它是鲜酵母经先进的低温干燥工艺脱水后制得，其优点是使用方便，可与其他物料一起直接投入搅拌，而无须活化，并且其活性高，发酵速度快。在储存方面，速发干酵母也比较方便，在室温下可保存1～2年。

2. 影响酵母发酵的因素

（1）温度的影响。温度是影响酵母繁殖的主要条件，酵母在面团发酵过程中适宜的温度是26℃～28℃，在1℃的时候酵母便会停止繁殖，在达到60℃的时候酵母便会失去活性，如下表所示。

酵母在不同温度下的活性

温度	活性
1℃及以下	无活性
1℃~20℃	活性比较低
20℃~38℃	活性强
38℃~60℃	反应减慢
60℃及以上	失去活性

搅拌面包面团时，要注意面团温度的控制，使面团搅拌后的温度在26℃～28℃，有利于酵母的繁殖。

（2）pH值的影响。酵母菌适宜在酸性条件下生长，一般面团的pH值控制在5～6最好。

（3）水分的影响。面团的发酵过程需要水分作媒介，面团的水分含量直接影响酵母的生长，在正常情况下，水分较多的面团，酵母发酵速度较快，而水分较少的面团，酵母发酵的速度相应比较慢，一般蛋白质含量高的面粉吸水能力较强。

3. 酵母在面包制品中的作用

酵母在面包生产中起着关键作用，没有酵母便制不出面包，酵母在面包制品中有如下功能：

（1）生物膨松作用。酵母在繁殖过程中产生大量的二氧化碳气体，这些气体被面团的面筋网络包裹而不能逸出，从而使面团变得疏松多孔。

（2）面筋扩展作用。酵母发酵除产生二氧化碳外，还有增强面筋扩展性的作用，能提高面团的持气能力，使发酵所产生的二氧化碳能保留在面团内，其他化学膨松剂则无此作用。

（3）风味改善作用。面团在发酵时除产生酒精外，同时还伴随许多其他的与面包风味有关的酯类化合物生成，形成面包制品所特有的风味。

（4）增加营养价值。酵母的主要成分是蛋白质，在酵母等物质中，蛋白质含量几乎为一半，并且必须保证氨基酸含量充足，尤其是谷物中比较缺乏的赖氨酸含量比较多。

另外，酵母含有大量的维生素 B_1、维生素 B_2、烟酸等，从而提高发酵食品的营养价值。

酵母的发酵机理

酵母的发酵过程是酵母在酶的作用下（无氧条件下），将碳水化合物转变成二氧化碳、酒精及风味物质如琥珀酸等的过程，其整个过程是一个非常复杂的生物化学变化过程。

如果在有氧环境下，酵母会进行呼吸作用。这种呼吸作用能加速酵母繁殖，但会消耗较多的能量，最终产物为二氧化碳、水及大量热量，影响面团正常发酵，因此酵母的呼吸作用对面包制作不利。

二、泡打粉

泡打粉又称发酵粉、泡大粉或蛋糕发粉，是一种化学膨松剂，经常用于蛋糕及西饼的制作。

泡打粉是由苏打粉配合其他酸性材料，并以玉米淀粉为填充剂的白色粉末。泡打粉在接触水后有一部分会释放出二氧化碳气体，同时在烘焙加热的过程中释放更多气

体，这些气体使制品达到膨胀及松软的效果。

泡打粉根据反应速度的不同，分为慢速反应泡打粉、快速反应泡打粉、双重泡打粉。快速反应泡打粉在溶于水时即开始起作用，而慢速反应泡打粉则在烘焙加热过程中才开始起作用，双重泡打粉则兼有两种泡打粉的反应特性。一般在西点制作中多使用双重泡打粉。

泡打粉中的填充剂玉米淀粉，主要用来分隔泡打粉中的酸性物质和碱性物质，避免它们过早反应。泡打粉在保存时应尽量避免受潮而导致失效。

三、臭粉

臭粉有两种：一是碳酸氢铵，化学分子式为 NH_4HCO_3；二是碳酸铵，化学分子式为 $(NH_4)_2CO_3$。

臭粉在受热后会分解为氨气、二氧化碳和水，所产生的氨气和二氧化碳都是气体，这些气体受热膨胀，使制品达到膨胀及松软的效果。两种臭粉的性质稍有不同，碳酸氢铵在 50℃ 左右开始分解，而碳酸铵在 35℃ 左右便开始分解。目前市面上用的大多是碳酸氢铵。

四、苏打粉

苏打粉又称小苏打，在我国南方又叫食粉，化学名碳酸氢钠，是化学膨松剂的一种。

苏打粉是一种易溶于水的白色碱性粉末，与水结合后分解产生二氧化碳，并且随着温度的升高，分解反应速度加快。

苏打粉也经常用来作为中和剂，例如制作巧克力蛋糕时，因为巧克力为酸性，大量使用时会使西点制品带有酸味，所以可使用少量的苏打粉中和其酸性，并且苏打粉也有使巧克力颜色加深的效果，能使其看起来更黑亮。

苏打粉分解后的残留物是碳酸钠，使用过多会使制品带有碱味，并且苏打粉与油脂直接混合时，会发生皂化反应，强烈的肥皂味会影响制品品质，使用时要留意。

（1）泡打粉虽然有苏打粉的成分，但是市面上的泡打粉都是经过精密检测后加入酸性物质（如塔塔粉）来平衡它的酸碱度的，是中性粉，因此，苏打粉和泡打粉是不能任意替换的。

（2）在制作泡芙时，苏打粉和泡打粉都不适合作为膨松剂，原因是它们在溶解于水后即开始作用，在室温下即开始反应，产生气体，在炉内烘烤时效果就会大打折扣，因此制作泡芙时宜采用分解温度较高的臭粉。

第七节　盐和香料

一、盐

盐在面包生产中用量虽然不多，但是作用非常大，它不仅能增加面包风味，还有强化面筋等作用，因此不论何种面包，其配方均有盐。

1. 盐在面包生产中的作用

（1）增加风味。

（2）强化面筋。盐可使面筋质地变密，弹性增加，从而增强面筋的筋力，尤其是当生产用水为软水时，适当增加盐的用量，可减弱面团的软、黏性质，便于整型操作。

（3）调节发酵速度。盐对酵母的发酵有抑制作用，因此可通过增加或减少配方中盐的用量，调节、控制发酵速度。而且，适量的盐对酵母的生长和繁殖有促进作用，对杂菌也有抑制作用。

（4）改善品质。在面包中加入适量的盐，可以改善面包包心的色泽和组织，使面包色泽洁白、组织细腻。

2. 盐的用量及使用方法

（1）用量：一般为0.8%～2.5%。

（2）在面包生产中通常采用后加盐法（迟加盐搅拌法），一般在面团的面筋扩展阶段与油脂一起加入，这样做的目的是：缩短搅拌时间，适当降低面团温度，减少热量损耗。

盐对面包生产工艺的影响

（1）如果缺少盐，则面团一般会发酵过快，且面筋的筋力不强，在醒发期间，会出现面团发起后又下陷的现象。

（2）对搅拌时间的影响：盐的加入，会使搅拌时间增加。

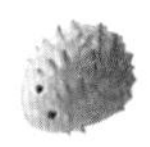

二、香料

在西点蛋糕制作中，经常使用一些天然香料，增加食品风味。

1. 豆蔻

豆蔻树是一种热带常绿性植物，将其果实中的籽、核取出晒干，研磨成粉，即豆蔻粉，豆蔻粉气味芳香而强烈，性温味辣。

豆蔻

2. 八角

八角原产于中国南部及越南、牙买加等地，香气浓郁，苦中带香，八角可以提取出茴香油，有一定的药用价值。

八角

3. 丁子香

丁子香是丁子香树结的花苞在未开花之前采摘下来，经干燥后做成的香料，原产地在印度尼西亚。丁子香很适合用于制作甜食或浓味的食物，美国人常将之撒在烧烤类食物上，而欧洲人喜欢把丁子香枝插在柑橘上，用丝带绑起吊挂在衣橱内以熏香衣物，非洲人喝咖啡时喜欢加入丁子香同煮。

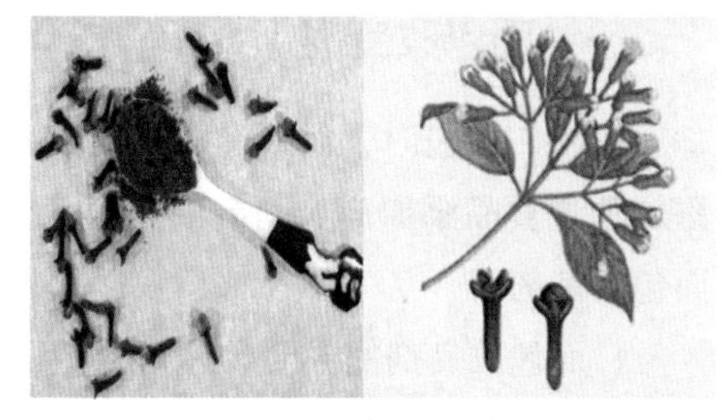

丁子香

4. 玉桂

玉桂又名肉桂，是一种月桂科的常绿植物，全世界的玉桂有上百种，其中两种使用最广泛且甚具商业价值的是锡兰肉桂和中国肉桂。锡兰肉桂风味绝佳，桂皮呈浅棕色而且比较薄。中国肉桂香味比较刺激，桂皮较肥厚，颜色较深，芳香也较前者略逊一筹。玉桂的味道芳香而温和，适用于甜和浓味菜肴，特别适合用来煮羊肉，也可以用来做蜜饯（特别是梨）、巧克力甜点、糕饼和饮料。西点常用的玉桂粉是用玉桂树的干树皮磨成粉末制成的。

玉桂

5. 胡椒

胡椒原产于亚洲热带地区，依成熟及烘

胡椒

焙度的不同而有绿色、黑色、红色及白色四种。胡椒味辛而芳香，在烹调中有去腥压臊、增味提香的作用。烘焙常用的是胡椒粉，但胡椒粉的辛香气味易挥发，因此保存时间不宜太长。

6. 香草

香草精和香草粉皆是由香草所提炼而成的香料，其作用为增加制品的香气、祛除腥味，使食物味道香浓。烘焙中常用的香草根像一根根黑色的小棒子，散发着迷人的甜香。香草根必须与液体一起熬煮才能释放它的香味，而且它的甜香主要来源于根里面的香草籽。

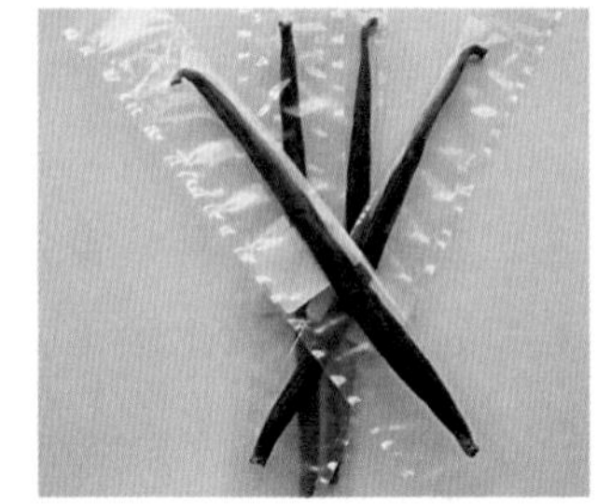

香草根

第八节　食品添加剂

一、面包改良剂

在制作面包时，面团的性质对产品的质量起着关键作用，因此，在调制面团时常添加少量食品添加剂来调节面团的性能，以提高面包产品质量，此类食品添加剂就是面包改良剂。

1. 面包改良剂的主要成分

面包改良剂是由酶制剂、乳化剂和强筋剂等多种成分构成的复合型添加剂，其作用是加强面筋的强度，提高面包的质量，并有效延缓面包老化，延长制品货架寿命。国内外使用的面包改良剂通常包括以下三种：

（1）水质调节剂，主要成分是钙盐，作用是调节水的硬度。

（2）酵母营养剂，主要成分是铵盐，作用是向酵母提供氮元素。

（3）面团改良剂，主要成分是氧化剂，如维生素 C 等，作用是提高面团持气性。

面包改良剂对面筋含量不高的面粉的作用尤为重要，能极大地提高面包品质，下图是没有添加面包改良剂的面包（左）和添加面包改良剂的面包（右）内部组织对比。

面包内部组织对比

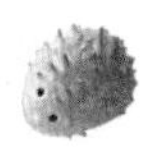

2. 新型面包改良剂的主要成分和作用

传统的面包改良剂中都含有氧化剂——溴酸钾。烘焙行业曾认为溴酸钾是一种很好的强筋剂，在面团醒发及烘焙工艺过程中起到一种缓慢氧化的作用，显著影响了面团的组织结构及流动性，特别是在烘烤过程中，使面团迅速膨胀、面包体积增大、组织细腻，因而许多厂家都认为溴酸钾是价格便宜又十分有效的氧化剂。但是，近几年的安全性研究发现，溴酸钾有一定的毒性和致癌作用，被大多数发达国家禁用。我国也禁止溴酸钾作为面粉处理剂在小麦粉中使用，因此各生产厂家都着手组织科研人员进行不含溴酸钾的面包改良剂的研发工作，从目前已经开发出的产品来看，主要做了以下改进。

（1）氧化剂。面包改良剂中新使用的氧化剂有维生素 C 和偶氮二甲酰胺（ADA），偶氮二甲酰胺是一种快速氧化剂，能强化小麦淀粉中蛋白质的网状结构，增强面团筋力，提高面团的弹性、韧性和持气性，从而使生产出来的面包体积大、组织细腻。此外，由于面粉中含有胡萝卜素、叶黄素等植物色素，面包制品颜色灰暗，加入氧化剂后，这些色素经氧化反应褪色，从而使面包制品变白。

（2）酶制剂。面包改良剂中新使用的酶制剂有真菌淀粉酶、纤维素酶、葡萄糖氧化酶等复合酶。酶的种类不同，所起的作用也不一样，主要表现为：

①真菌淀粉酶的主要作用：增大面包体积，改善内部组织结构，能有效地延缓面包的老化，有助于面包表皮上色。

②纤维素酶的主要作用：增强面团的稳定性、搅拌耐力及醒发耐力，改善组织结构，增大面包体积，改善瓤心结构，使瓤心更柔软。

③葡萄糖氧化酶的主要作用：增强面团吸水性，增强面团筋力和面团弹性，使面团不粘手，容易操作。

（3）乳化剂。面包改良剂中新使用的乳化剂有硬脂酰乳酸钙和双乙酰酒石酸单双甘油酯，其主要作用是促使直链淀粉形成复合体，在防止过度膨松的同时，提高糊化温度，改善面包的触感，延缓老化，延长产品的货架寿命。

二、防腐剂

面包生产和销售过程中，会受到细菌或霉菌的污染而变质，失去食用价值，尤其是在高温、潮湿环境下，污染越多，变质越快。为防止面包发霉变质，除了严格遵照《中华人民共和国食品卫生法》做好生产车间的卫生工作外，还可以加入适量的防腐剂。防腐剂必须对人体无害，不影响或较小影响酵母的发酵，且用量不能过多。常用的防腐剂有磷酸钙、丙酸钙、乙酸、脱氢乙酸钠、苯甲酸钠等。目前国内使用量最多的是丙酸钙、脱氢乙酸钠。

1. 磷酸钙

磷酸钙又称磷酸三钙，化学式是 $Ca_3(PO_4)_2$，是一种白色晶体或无定形粉末，溶于酸，难溶于水，不溶于丙酮和乙醇。磷酸钙多用于陶瓷、玻璃、制药、肥料、饲料等，在面包生产中的主要作用是抑制马铃薯杆菌的繁殖，防止面包瓤心发黏，用量为面粉量的 0.1% ~ 0.2%。

2. 丙酸钙

丙酸钙是一种白色晶体，熔点在 400℃以上（分解），可溶于水。丙酸钙本身无毒，呈弱酸性，可抑制霉菌的生长，又不影响酵母的繁殖。我国《食品添加剂使用卫生标准》（GB 2760—2011）规定丙酸钙添加量不多于 0.25g/kg。

3. 脱氢乙酸钠

脱氢乙酸钠又名脱氢醋酸钠，是一种安全的食品防腐、防霉保鲜剂。脱氢醋酸钠最大的特点是在酸性和碱性条件下都有效，是一种广谱型防腐剂。脱氢乙酸钠对光和热稳定，煮沸、烧烤等加热方法都不会破坏其防腐功能。脱氢乙酸钠在新陈代谢过程中逐渐降解为乙酸，对人体无毒，并且不影响食品口味。它的使用量一般为 0.01% ~ 0.05%。

面包的腐败现象与预防

面包的腐败现象主要有两种，一种是面包瓤心发黏，另一种是面包表皮发生霉变。瓤心发黏是由细菌引起的，表皮霉变则是由霉菌引起的。

（1）瓤心发黏。面包瓤心发黏是由芽孢杆菌引起的，表现为瓤心发暗、变黏、变软，最后形成黏稠的胶状物质，产生香瓜腐败时的臭味，用手挤压可成团，失去原有的弹性。

芽孢杆菌的耐热性很强，甚至可承受 140℃的高温，而面包在烘烤时的中心温度一般在 100℃左右，因此完全依靠烘烤加热的方法很难将芽孢杆菌全部杀死，这样部分芽孢杆菌就会残留在面包内部，而面包瓤心的水分含量在 40%以上，只要温度适合（最适合的温度为 35℃ ~42℃），这些芽孢杆菌就会繁殖生长，导致面包瓤心腐败。

针对面包瓤心发黏的预防方法：

①芽孢杆菌主要存在于原材料、工具、空气中，因此首先要对生产环境、工具

进行定期消毒，常用的方法是用甲醛熏蒸或用5%的福尔马林溶液喷洒墙壁、地面等。

②添加防腐剂，即常用的乙酸（用量为面粉量的0.05%~0.1%）、磷酸钙（用量为面粉量的0.2%）、丙酸钙（一般用量为面粉量的0.1%~0.2%）。

（2）表皮霉变。面包表皮霉变是由霉菌作用引起的。污染面包的霉菌种类主要有青霉菌、曲霉菌、根霉菌、赭霉菌等。表皮霉变的主要表现为表皮出现霉点并慢慢扩大。

针对面包表皮霉变的预防方法：一是保持生产场地通风，定期清洗消毒，用紫外灯照射。二是在面团中添加防腐剂，如脱氢乙酸钠，用量为面粉量的0.01%~0.05%。

在实际生产中，往往使用多种食品添加剂。实践证明，以下配比在生产中是比较好的一种：脱氢乙酸钠4%、丙酸钙6%、二氧化硅8%、玉米淀粉82%。

第三章 烘焙基本计算

第一节 烘焙百分比

一、烘焙百分比定义及应用

烘焙百分比是烘焙工业专用的百分比，它与一般我们所用的实际百分比有所不同。在实际百分比中，总百分比为100%，而在烘焙百分比中，配方中的面粉重量永远为100%，其他各种原料的百分比则是相对于面粉的多少而定的，因此其百分比总量超过100%。

烘焙百分比在面包生产中广泛使用，它的优点是可以从配方中一目了然地看出各种材料的相对比例，简单、明白、计算快捷、容易记忆，并且方便调整配方。烘焙百分比与实际百分比的比较如下表所示。

烘焙百分比与实际百分比

原料	重量（以1为单位）	烘焙百分比(%)	实际百分比(%)
高筋面粉	1000	100	49.5
砂糖	200	20	9.9
酵母	8	0.8	0.4
改良剂	4	0.4	0.2
盐	10	1	0.3
全蛋	80	8	4.0
奶粉	40	4	2.0
水	600	60	29.7
酥油	80	8	4.0
合计	2022	202.2	100

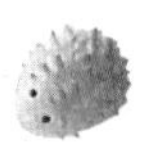

从表中可以看出，面粉的百分比在烘焙百分比中为 100%，而在实际百分比中只有 49.5%；配方中烘焙百分比总和为 202.2%，大于 100%，而实际百分比总和为 100%。

二、烘焙百分比与实际百分比的换算

1. 已知烘焙百分比，求实际百分比

在生产工作中，有时要将烘焙百分比转换为实际百分比，公式如下：

实际百分比 =（某材料）烘焙百分比 ÷ 烘焙百分比总和

以上表的配方为例，其中烘焙百分比总和是 202.2%，水为 60%，则：

水实际百分比 =60% ÷ 202.2%=29.7%

2. 已知实际百分比，求烘焙百分比

在生产工作中，有时要将实际百分比转换为烘焙百分比，公式如下：

烘焙百分比 =（某材料）实际百分比 ÷ 面粉实际百分比

以上表配方为例，已知实际百分比中，面粉是 49.5%，水为 29.7%，则：

水的烘焙百分比 =29.7% ÷ 49.5%=60%

三、配方及用料量计算

在工作中，我们常用烘焙百分比来表示面包配方，这样方便生产计算。下面是生产中常见的计算问题。

面包配方

原料	重量（以 1 为单位）	烘焙百分比 (%)
高筋面粉	1000	100
砂糖	200	20
酵母	8	0.8
改良剂	4	0.4
盐	10	1
全蛋	80	8
奶粉	40	4
水	600	60
酥油	80	8
合计	2022	202.2

1. 已知面包生产量，求面粉用量

在生产中，在接到生产任务后，经过汇总，我们很快就能确定面包生产量以及所需面团的重量，此时要先算出所需要面粉的重量，即“打多少粉的问题”，这是因为面团搅拌得过多会形成浪费，搅拌得过少又满足不了生产需要。

【例】生产吐司面包 1000 个，每个吐司面包所需面团重量为 400g。

（1）计算所需面团总量：

面团总量 =1000 × 400=400000（g）

（2）计算出面粉用量：

面粉用量 = 面团总量 ÷ 烘焙百分比总和 =400000 ÷ 202.2% ≈ 197823.94（g）

2. 已知搅拌的面粉用量，求其他原料用量

已知搅拌的面粉用量，求其他原料用量，即工作中常讲的“放多少辅料的问题”。

原料用量 = 面粉用量 × 原料的烘焙百分比

【例】已知面粉用量为 25kg，配方如前面的表所示，求糖的用量。

糖用量 = 面粉用量 × 糖的烘焙百分比 = 25 × 20%=5（kg）

第二节 面粉系数

一、面粉系数的定义

面粉系数是指配方中面粉的烘焙百分比除以配方烘焙百分比总和所得的商，即把整个面团看作 1 而求得面粉在其中所占的比重。从面粉系数可以看出面粉在配方中的实际百分比。

面粉系数 = 面粉烘焙百分比 ÷ 烘焙百分比总和

仍以上一节表中的配方为例，则：

面粉系数 =100% ÷ 202.2%=0.4946

根据面粉系数，可以比较快捷地求出面团内的面粉用量和其他原料用量以及生产一定产品所需的面粉用量。

二、根据面粉系数求面粉用量

根据面粉系数求面粉用量的公式为：

面粉用量 = 面团总量 × 面粉系数

以上一节表中的配方为例，生产吐司面包 1000 个，每个吐司面包所需面团重量 400g，求所需要面粉的用量。

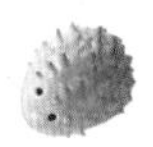

面团总量 =1000 × 400=400000（g）=400（kg）

面粉用量 =400 × 0.4946 ≈ 197.8（kg）

三、求面团总量及产品总数

根据面粉系数求面团总量的公式如下：

面团总量 = 面粉用量 ÷ 面粉系数

以上一节表中的配方为例，每个吐司面包所需面团重量 400g，面粉系数为 0.4946，一袋 25kg 的面粉可以生产多少个吐司面包？

面团总量 = 面粉用量 ÷ 面粉系数 =25 ÷ 0.4946=50.5459（kg）

生产面包数量 = 面团总量 ÷ 单个面包面团重量 =50.5459 ÷ 0.4 ≈ 126（个）

第三节 面团温度控制

为使酵母能正常繁殖，并且要保持面筋的强度，维持面团的持气性，要求面团搅拌后的温度控制在一定的范围内，即 25℃～27.5℃，这是因为搅拌后面团温度的高低直接影响面团发酵时间的长短，并影响面包制品的品质。如果面团温度过高，酵母繁殖较快，发酵速度也相应加快，产气速度提高，产气量增加，会使面团发酵过度，而导致制品形状不均匀、味道不好、酸味太重。相反，如果面团温度过低，发酵速度则慢，产气速度下降，产气量也少，不能满足面团发酵、膨松的需要，会使面团发酵不够，而导致制品体积较小。所以要把搅拌后的面团温度控制在理想范围。

一、影响面团温度的因素

面团在搅拌时有热量产生，故面团温度逐渐升高，导致升温的因素大致有以下两个：

1. 摩擦热

这是由于面团在搅拌时面团内部分子间的摩擦以及面团和搅拌桶之间的摩擦而产生的热量。

由摩擦热而引起的面团温度上升多少取决于下列因素：

（1）搅拌机的种类及大小。

（2）搅拌速度及时间。

（3）面粉的面筋含量（蛋白质含量）。

（4）面团的软硬程度。含水量较少的面团产生的热量高于含水量较多的面团。

在搅拌面团时，搅拌机所用的电能，有 35%～90% 通过机械能转化为热能，这是导致面团升高的主要原因。

2. 水化热

这是面粉中各种化学成分（如淀粉分子、蛋白质等）与水分子反应时所产生的热。

面粉正常水化热很小，当水分含量降低时水化热则增加。

在所有这些足以引起面团升温的诸因素中，以摩擦热为主。

控制面团升温的方法有两种：一种是采用双层搅拌桶，中间夹层通入空气或冷水，吸收热量；另一种是加入一定量的冰或水进行搅拌以降低温度。前者由于受生产条件限制应用不多，我国面包生产企业多采用后者。

二、摩擦升温的计算

搅拌面团时，必须明确知道摩擦升温的多少，才能决定加入多少、什么温度的冰或水。摩擦升温的多少与面包生产方法、面团搅拌时间及面包配方有关，计算方法也略有不同。

1. 直接法面团及中种法中种面团摩擦升温计算

摩擦升温 =（3× 搅拌后面团温度）–（室温 + 面粉温度 + 水温）

【例】某面团经搅拌后测得面团温度为 31℃，当时室温为 28℃，面粉温度为 25℃，水温为 22℃，求摩擦升温。

（3×31）–（28+25+22）=93–75=18

所以，摩擦升温为 18℃。

2. 中种法主面团摩擦升温计算

在中种法主面团搅拌过程中，多了中种面团这个因素，故在摩擦升温计算中要考虑中种面团这个因素。

摩擦升温 =（4× 搅拌后面团温度）–（室温 + 面粉温度 + 水温 + 发酵后中种面团温度）

【例】某中种法主面团经搅拌后测得面团温度为 31℃，当时室温为 28℃，面粉温度为 25℃，水温为 22℃，中种面团发酵后的温度 30℃，求摩擦升温。

（4×31）–（28+25+22+30）=124–105=19

所以，摩擦升温为 19℃。

三、面团适用水温的计算

适用水温是指用此温度的水搅拌面团后能使面团达到理想温度的水温。实际生产中，我们可以通过试验求出各种生产方法和生产不同品种面团时的各个摩擦升温，作为一个常用数值，这样就可以根据生产时的操作间温度进而求出适用水温。

1. 直接法面团及中种法种面团适用水温计算

适用水温 =（3× 面团理想温度）–（室温 + 面粉温度 + 摩擦升温）

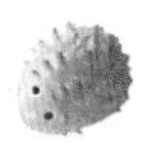

【例】在直接法生产过程中，要求面团搅拌后的温度为28℃，测得室温27℃，面粉温度26℃，摩擦升温常数为21℃，求适用水温。

（3×28）–（27+26+21）=84–74=10

所以，适用水温为10℃。

2. 中种法主面团适用水温计算

适用水温 =（4× 面团理想温度）–（室温 + 面粉温度 + 摩擦升温 + 发酵后中种面团温度）

【例】在中种法生产过程中，要求面团中拌后的温度为28℃，测得室温27℃，面粉温度为26℃，摩擦升温为21℃，面团发酵后的温度为29℃，求适用水温。

（4×28）–（27+26+21+29）=112–103=9

所以，适用水温为9℃。

3. 用冰量的计算

经计算得出的适用水温，其温度可能比自来水温度高，也可能比自来水温度低，前者可通过加热水或温水来调整达到适用水温，后者则要通过加冰来调整。

那么，如何求得所需的冰量呢？

当两种不同温度的物质混合时，温度高的物质放热，温度低的物质吸热，最后达到温度平衡。当冰加入水中时，冰吸收热而融化，本身升温，自来水则降温，最后达到平衡，即

冰吸收的热量 = 水释放的热量

其中　　冰吸收的热量 = 水的热解热 +0℃ 水达到平衡水温吸收的热量

根据物理学中热传递的公式可以推导出：

冰量 = 总水量 ×（原来水温 – 混合后水温）÷（80+ 原来水温）

改写成　　冰量 = 总水量 ×（自来水温 – 适用水温）÷（80+ 自来水温）

【例】已知在一次面包生产中，计算总水量为40kg，自来水温20℃，适用水温经计算后应为10℃，求应加多少冰？应加多少水？

40×（20–10）÷（80+20）=4

40–4=36

所以，应加4kg 冰、36kg 水。

1. 传统面团温度控制理论的缺陷

上面适用水温的计算方法只是理论意义上的，它存在以下缺陷：

（1）计算烦琐，影响工作效率，特别是在紧张的工作中，没有时间作出如此精确的测量和计算。

（2）即使算出适用水温，配制合适温度的水也是一件费时费力的事。

（3）计算结果并不是非常准确。上面计算的理论基础是建立在“搅拌后面团温度 =（室温 + 面粉温度 + 水温 + 摩擦升温）÷3”上面的，严格来讲是不成立的。①面粉和水的比热容是不同的，升高或降低相同的温度，吸收或释放出的热量也是不相同的，不能简单地画等号。②面包中糖、鸡蛋、奶油等原料对面团温度的影响则被忽略。因此，理论结果往往与实际有一定的差距。

2. 实际生产中中种面团温度的控制与计算

在实际生产中，工作人员通常利用自来水和冰来控制面团温度，他们利用统计学原理，假设一个自变量为室温，另外两个从变量为自来水量和冰量，统计出在不同室温下，把面团温度控制在理想状态，需要的自来水的比例、冰的比例，制作下表所示的数量关系，统计出各项与室温相对应的自来水量和冰量的值。

特定温度下自来水量和冰量参照表

室温(℃)	直接法		中种法			
			中种面团		主面团	
	自来水量（%）	冰量（%）	自来水量（%）	冰量（%）	自来水量（%）	冰量（%）
30	15	85	20	80	10	90
29	20	80	25	75	15	85
28	25	75	30	70	25	75
27	30	70	35	65	30	70
26	35	65	45	55	35	65
25	45	55	50	50	45	55
24	50	50	55	45	50	50
23	55	45	65	35	55	45
22	65	35	75	25	65	35

续表

室温(℃)	直接法		中种法			
			中种面团		主面团	
	自来水量（%）	冰量（%）	自来水量（%）	冰量（%）	自来水量（%）	冰量（%）
21	75	25	85	15	75	25
20	85	15	87	13	85	15
19	88	12	90	10	87	13

【例】室温28℃，面团温度控制在理想状态。

（1）直接法需要用冰75%、自来水25%（即总用水量100%，冰占75%，自来水占25%）；

（2）中种法种面需要用冰70%、自来水30%，主面团需要用冰90%、自来水10%。

制作完统计表后，生产人员在工作时就能根据当时的环境温度，很方便地查出在不同工艺下控制面团温度所需要的冰量和自来水量。例如，当天室温为26℃，生产中种主面团，需要总水量为40kg，从上表可以查出用冰量为65%，即26kg，水14kg。

这种方法优点非常明显：①不需要烦琐的计算，减少人为因素，有利于标准化。②所用材料只有冰和自来水，取用方便。③由于采用统计的方法，能减少许多不确定因素的影响，误差非常小。

第四章　面包生产工艺

简单地说，面包是由面粉、水、酵母经过混合，在酵母发酵作用下膨胀、烘烤定型而成的面团，例如法式面包。其他种类的面包都是在此基础上添加糖、油脂、鸡蛋、牛奶、盐及其他调味品，赋予面包不同的风味，可以说，面粉、水、酵母是面包不可或缺的基本原料。

面包的制作看起来很简单，但是要想制作出一个好的面包，条件也是很严格的，面包的生产工艺要经过搅拌、发酵、整型、醒发、烘焙、冷却与包装等工序，这些工序环环相扣，缺一不可。

第一节　搅拌

面团的搅拌在企业生产中又被称为“调粉”“打面”，是面包生产中的第一个关键步骤。

一、搅拌的目的

面团搅拌的目的主要有三个：

（1）充分混合所有原料，使其质地均匀。

（2）使面粉等干性原料完全水化，加速面筋的形成。

（3）使面团中的面筋充分扩展。

混合原料

二、面团搅拌的过程

面团的搅拌一共分为五个阶段。

1. 混合原料阶段

配方中所有干、湿性原料混合在一起，使其成为一个既粗糙又湿润的面团，这时面筋还未开始形成，面团的手感很粗糙，无弹性和延展性。

面团卷起

2. 面团卷起阶段

此时面筋开始形成，配方中的水分已全部被面粉吸收，由于面筋的形成，面团产生了较强的筋性，整个面团

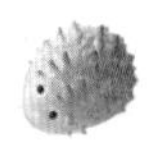

结合在一起，开始不再粘搅拌桶。这时用手捏面团，手感不是很粗糙，但仍会粘手，没有延展性，缺乏弹性，而且易断裂。

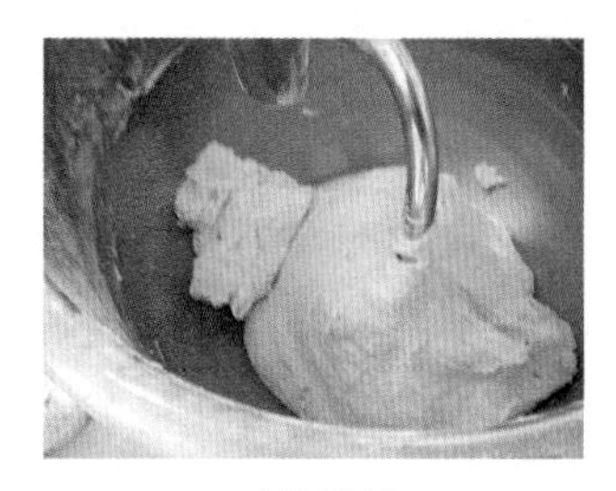

面筋扩展

3. 面筋扩展阶段

随着面筋不断地形成，面团表面已趋于干燥，而且较为光滑，有光泽，用手触摸时有弹性，拉取面团时感觉有延展性，但是容易断裂。

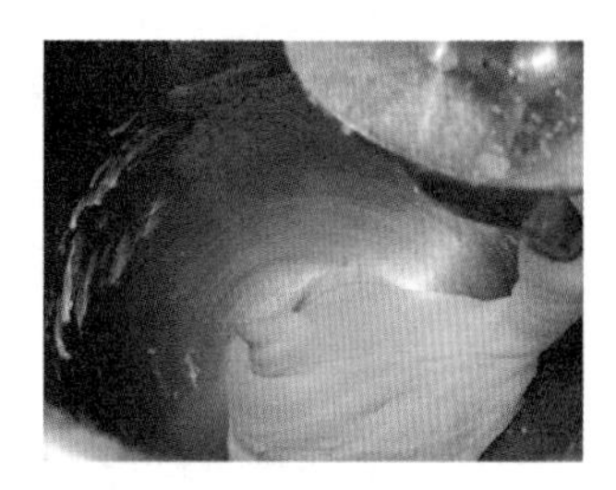

搅拌完成

4. 搅拌完成阶段

在此阶段，面筋已经完全形成，面团柔软而且具有良好的延展性。观察面团表面会发现，面团干燥而有光泽，手感细腻、无粗糙感；用手拉取面团时有良好的弹性，并且能拉出一块很均匀的面筋膜。这个阶段为搅拌的最佳阶段，即可停止对面团的搅拌，进行基础发酵。

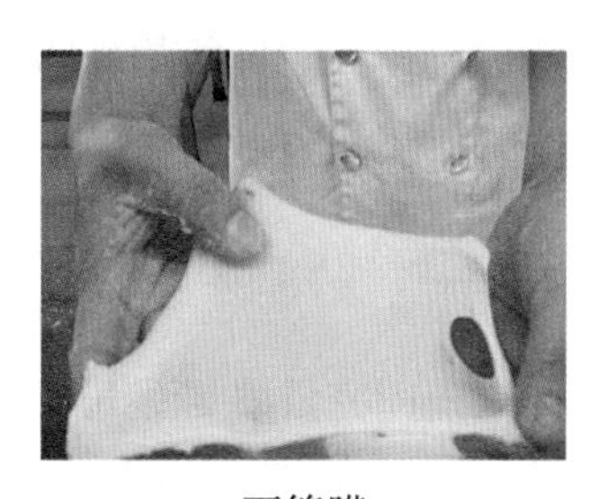

面筋膜

5. 搅拌过度阶段

如果在搅拌完成阶段还不停止，而是继续搅拌，则面筋就会逐渐被打断。此时面团表面会再度出现水迹，面团非常松弛，用手拉取面团时感觉没有弹性且很粘手，这时的面团已经不能制作面包了。

搅拌过度

第二节　发酵

发酵是面包生产中的第二个关键环节，又叫基础发酵，面团在发酵期间，酵母摄取面团中的糖，释放出二氧化碳气体，使面团膨胀。发酵过程中，面筋会变得顺滑，富有弹性。

若面团发酵不足，除了不会膨胀得足够大外，质地也会变得粗糙；若面团发酵时间太长，或是发酵温度太高，则会变得很黏，制作起来很费力，还会带有异味。发酵不足的面团叫作生面团，发酵过度的面团叫老面团。在后面的章节中，我们在制作硬质面包时加入的老面团就是指基础发酵过度的面团。

影响发酵的因素主要有三个：发酵时间、发酵温度、酵母量。

1. 发酵时间

面团的发酵时间，不能一概而论，而要按所用的原料、酵母量、糖量、发酵温度及湿度等确定，通常情况是：在正常条件下，酵母为 1% 的中种面团的基础发酵时间为25分钟左右，直接法的面团所需要的发酵时间要长一些，约为30分钟。

2. 发酵温度

理想的发酵温度应该是面团从搅拌机中取出时的温度。短时间的发酵对温度的要求并不是很严格，因为发酵通常在面团受到环境温度变化影响之前就会完成。在国内，大型工厂都有专用的发酵室，而小型加工厂和酒店通常把面团放在案台上，盖上一层塑料薄膜（防止风干）进行发酵。

3. 酵母量

在其他条件不变的情况下，酵母量减少，发酵时间要延长，酵母量增加，时间要缩短。

第三节　整型制作

面团的整型制作，是为了把已经发酵好的面团通过称量、分割、滚圆、成型使其变成符合一定形状的面团，以适合下道工序——醒发，最后入炉烘烤而成为制品。

面团的整型制作包括分割、滚圆、中间醒发、成型、装盘等工序。

一、分割

面团完成基础发酵后，即进行分割。分割是通过称量把大面团分切成所需的小面团，一般有手工分割和机械分割两种。

1. 手工分割

先把面团搓成（或切成）适当大小的面条，要求搓成（或切成）的面条要均匀，分成所需重量的面剂。手工分割适合小分量的面块。

2. 机械分割

机械分割是按照体积来分切面团，把面团一次性分割成一定数量大小、重量一样的小面团，常见的面团分块机一次可以将面团分成36个。例如，需要分割成60g的小面团，首先称量一块大面团，重量为2160g，把大面团放入分割盘，用手压平，然后放入分块机切割成36个小面团，每个分割后的小面团重量为60g。

二、滚圆

滚圆是把分割好的面团通过手工或机器搓成球状。滚圆的目的是使分割后的面团重新形成一层薄的表皮，以包住面团内继续产生的二氧化碳气体，同时恢复由于分割而被破坏的面筋网状结构，以便于下道工序的操作。

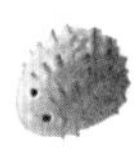

三、中间醒发

中间醒发，亦称静置或松筋，是指从滚圆到成型前的这一段时间，需要8～15分钟。面团分割、滚圆时失去了一部分气体，也失去了应有的柔软性，因此面团需要重新产生气体，恢复其柔软性，如果不进行中间醒发，则面团在成型时表皮极易撕破，从而收缩变形。

面团在中间醒发时要注意防风干，大型工厂有专用的醒发设备，相对湿度控制在70%～75%，小型工厂通常在面团表面覆盖一层塑料膜，在常温下进行中间醒发。

四、成型

成型是把面团做成产品所要求的一定形状的过程。成型手法和制品的种类多样，是初学者重点训练的项目之一。在后面的章节中会有详细的介绍。

成型要求：①制品必须大小均匀，造型符合一定的美学要求；②制品饱满，表皮光滑、无裂口。

五、装盘

装盘即把做好的面团移放到面包盒或烤盘内，送入发酵箱发酵。装盘时要注意以下几点：

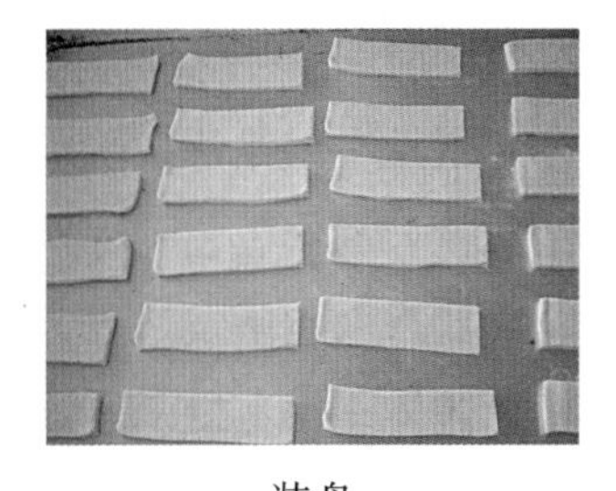

装盘

（1）面包成型模具的预处理。在装入面包面坯前，烤盘或面包盒内壁必须先涂一层薄薄的油，多用人造黄油或色拉油，最好使用专用的烤盘油。

（2）面坯放置必须均匀一致，而且面坯接口必须向下。如果是用烤盘，面坯之间要留有一定的间隙，防止粘连。如果是用面包盒或其他模具，面坯应放在底部中央。

（3）注意面包盒容积与面坯大小的关系，面包盒太大会使面包成品内部组织不均匀，颗粒粗糙；面包盒太小，则影响面包体积，并且会使烘烤后的面包顶部胀裂，形状怪异。

一般不带盖的主食面包，每克面团需要3.35cm^3～3.47cm^3的容积；带盖的主食面包，如吐司面包，使用面团重量是模具装水重量的25%。例如，常见的带盖吐司面包盒装水重量是4000g，则使用面团的重量是1000g。

第四节　醒发

醒发也叫“最后发酵”，是面包进炉烘烤前的最后一个阶段，也是影响面包品质的关键环节。在醒发阶段，可对前几道工序出现的差错进行一些补救，但是若醒发时出现差错，则无可挽回。因此，醒发阶段的操作要多加小心，避免出错。醒发的目的是使面包重新产气、膨胀，以获得制品所需的形状和品质。

影响醒发的因素主要有温度、湿度、时间。

1. 温度

醒发温度范围一般控制在 35℃～38℃。温度太高，面团内外的温差较大，会使面团醒发不均匀，导致面包成品内部组织不一致，同时过高的温度会使面团表皮的水分蒸发过多、过快，造成面包表面结皮，影响面包的质量。温度太低，则使面团醒发时间过长，会造成产品内部组织粗糙。

2. 湿度

醒发湿度通常控制在 76%～85%。

如果湿度太低，面团表面水分会蒸发过快，容易结皮，面团进炉烘烤时膨胀程度较小，面包制品体积小，并且表皮太干，会抑制淀粉酶的作用，减少糖及糊精的生成，导致面包表皮颜色浅、无光泽，出现许多斑点。

如果湿度太高，面包表皮会出现气泡，面包下陷、不饱满，烘烤后表皮颜色较深，略呈红色。

3. 时间

醒发时间是醒发阶段需要控制的第三个重要因素，其长短与醒发室的温度、湿度、酵母量、制作工艺等因素有关，通常在 60～90 分钟。

如果面包醒发过度，则面包组织内部粗糙，表皮泛白，味道较酸。如果醒发不足，则面包体积小，过于紧致，顶部形成一层壳，表皮呈红褐色，而不是金黄色。

第五节　烘烤

面包醒发完成后，就要及时进行烘烤，面团在烤炉内不断吸收热量，发生复杂的物理、化学变化，最终形成多孔、松软、色香味俱全的面包制品。

一、面包在烤炉内的烘焙过程

（1）烘焙急胀阶段。入炉后的 5～6 分钟，在这个阶段，面团受热，迅速膨胀。

（2）酵母继续作用阶段。在这个阶段面团的温度在 60℃ 以下，酵母的发酵作用仍可进行，超过此温度，酵母活动即停止。

（3）体积形成阶段。此时面包内部温度为 60℃～82℃，淀粉吸水糊化而膨胀，固定填充在已凝固的面筋网状组织内，基本形成了最终制品的体积。

（4）表皮颜色形成阶段。在这个阶段，由于糖的焦化反应和美拉德反应的双重作用，面包表皮颜色会逐渐加深，最后呈金黄色。

（5）烘焙完成阶段。此时面包的水分已蒸发到一定程度，面包中心部位也完全烘熟，成为可食用的制品。

二、面包烘烤温度和时间

在烘烤面包时要遵循一定的规则：体积大、难成熟的面包要低温进行长时间烘烤，体积小、成熟快的面包要高温进行短时间烘烤。以目前市面上常用的燃气烤炉为例，烘烤100g以下的面包，多采用180℃～210℃的炉温；烘烤100g以上的面包，多采用160℃～190℃的炉温。

若炉温过高，面包表皮形成过早，会减弱烘焙急胀作用，使面包体积小，内部组织有大的孔洞。在烘烤过程中，我们常以表皮颜色为出炉标准，而此时的面包虽然已经形成了成熟的表皮，但中心没有完全成熟，是黏的，这样的面包容易霉变。

若炉温过低，酶的反应时间延长，面筋凝固也随之推迟，而烘焙急胀作用强烈，使面包制品体积超过正常所需，面包会出现收缩变形或塌陷现象，同时，如果炉温低，则必然要延长烘烤时间，面包制品会出现皮厚、水分损失大、口感不佳的情况，并且因温度低，表皮无法充分焦化，颜色比较浅。

面包金黄色的表皮、独特的香气给人留下了深刻的印象，这主要是美拉德反应和糖的焦化反应的结果。

1. 美拉德反应

美拉德反应又称“非酶棕色化反应”，是法国化学家L.C.Maillard在1912年提出的。所谓美拉德反应是广泛存在于食品工业的一种非酶褐变，是羰基化合物（还原糖类）和氨基化合物（氨基酸和蛋白质）间的反应，经过复杂的历程最终生成棕色甚至是黑色的大分子物质类黑精或称拟黑素，所以又称羰胺反应。

美拉德反应对面包食品的影响主要有：

（1）香气和色泽的产生。美拉德反应能产生令人愉悦的香气和色泽，主要是亮氨酸与葡萄糖在高温下反应的结果。

（2）抗氧化性的产生。美拉德反应中产生的褐变色素对油脂氧化、酸败有抑制作用，这主要是由于褐变反应中生成醛、酮等还原性中间产物的结果。正是这一反应，使面包制品表面不会因为含有大量油脂而过早酸败。

2. 糖的焦化反应

糖在154℃~180℃的高温下会变成琥珀色，并随温度升高由浅变深。面包烘烤时，表皮的糖在高温下焦化，形成面包特有的色泽和香味，因此在面包加工过程中，根据工艺要求添加适量的糖，有利于制品的着色。

第六节　冷却与包装

一、面包的冷却

面包刚出炉时温度高，包体非常柔软，容易变形，若立即进行包装，容易结露，出现水珠，从而加速面包的发霉变质。因此，面包必须冷却后才能切片、加工、包装。面包冷却的方法有下面几种。

（1）自然冷却法。该方法不需要冷却设备，节省资金，缺点是冷却时间长，受季节影响大。

（2）通风冷却法。通风冷却法的原理是利用空气对流散热。国内大部分中小型面包厂多采用这一种冷却方法，冷却室是一个独立于厂房的封闭空间，利用设备从底部吸入空气，再从顶部排出。这种冷却方法的优点是时间短，效率高，缺点是制品水分流失较多。

（3）空调冷却。通过调节冷却室空气的温度和湿度，使制品在短时间内冷却的方法。这种冷却方法优点是效率高，制品水分流失较少，缺点是成本高。

二、面包的包装

1. 包装的作用

面包在冷却后要及时包装，包装能起到以下三个作用：

（1）面包经包装后可保持清洁卫生，避免在运输储存销售过程中受到污染。

（2）可避免水分的过度流失，能较长时间保持面包的新鲜，有效地防止面包的老化变硬，延长制品货架寿命。

（3）精美的包装能增加产品的艺术价值，提高经济效益。

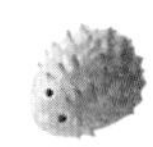

2. 包装设备

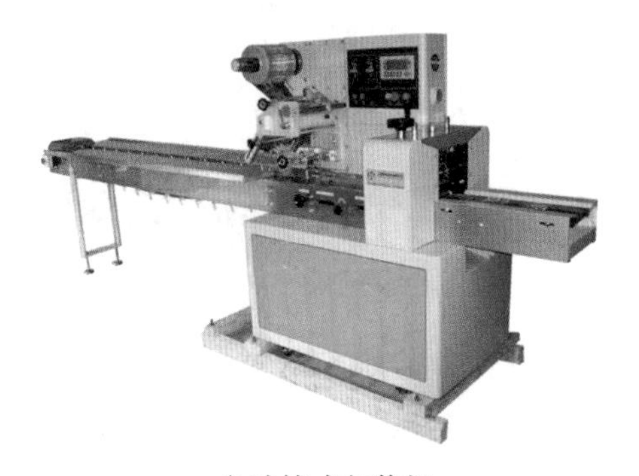

自动枕式包装机

包装的方法有手工包装和自动化机械包装两种。手工包装的缺点是不符合卫生要求，效率也比不上自动化机械包装。目前我国大多数的面包工厂（车间）都已采用自动化机械包装。自动枕式包装机是我国烘焙行业使用最多的包装设备，这种包装机成品率高，并且可以充入氮气等气体，能有效地防止产品挤压变形和表皮脱落现象。

3. 包装材料

在选择包装材料时要做到无毒、无害、无味、密闭性好。常用的包装材料有耐油纸、牛皮纸、聚乙烯薄膜、聚丙烯薄膜等。

牛皮纸袋

聚乙烯薄膜

聚丙烯薄膜

第五章　面包生产方法

生产制作面包的方法有很多，采用哪种方法是由生产设备、工作环境、原料品质（性质）以及顾客的口味要求等因素决定的。目前各地普遍采用的方法有四种：直接面团法、中种发酵法（或二次发酵法）、冷冻面团法、压面法。这其中又以直接面团法和中种发酵法最为常用。

第一节　直接面团法

直接面团法又叫一次发酵法、直接法，特点是一次性搅拌、一次性发酵。这种方法使用非常普遍。

一、直接面团法的工艺流程

直接面团法的工艺流程如下：

搅拌→基础发酵→分割→滚圆→松筋→成型→装盘→最后醒发→烘烤→冷却→包装。

下面以制作不带盖吐司面包为例，介绍一下这种生产方法及其特点。其配方如下表所示。

不带盖吐司面包配方（直接法）

原料	重量（g）
高筋面粉	1000
细砂糖	200
酵母	10
改良剂	4
奶粉	40
全蛋	80
水	600
盐	10
黄奶油	80

1. 搅拌

（1）把配方内的细砂糖、水、全蛋倒入搅拌桶，慢速搅拌至细砂糖溶解。

（2）依次加入高筋面粉、改良剂、酵母、奶粉等干性原料，慢速搅拌均匀，至搅拌桶内水分完全被吸收，形成一个表面粗糙的面团，这表明所有原料已经均匀地分布在面团的每一部分。

（3）转高速搅拌，至面团表面光滑，然后停机，加入黄奶油和盐，慢速搅拌至黄奶油全部融入面团。

（4）转高速搅拌至面筋完全扩展，最后慢速搅拌 1～2 分钟后停机。此时用手拉取面团时可以感受到面团有良好的延展性和弹性，并且能拉出一张很均匀的面筋膜。现在为搅拌的最佳阶段，应即刻停止搅拌。

在搅拌面团时要注意以下事项：

酵母最好放在面粉上，混合一下。如果是用干酵母，要先用酵母重量 4～5 倍的温水把酵母化开，再加入面粉。

搅拌后面团的温度对发酵时间的控制以及烤好后的面包的质量影响很大，所以在搅拌前就应根据当时气温和面粉等原料的温度，利用冰和水来调出适当的水温，使搅拌完成后的面团温度为 26℃～28℃。有关水温控制的计算方法参考上一章相关内容。判断面团是否完全扩展的方法：可用手拉取面团，完全扩展的面团有良好的延展性和弹性，并且能拉出一张很均匀的面筋膜。

2. 基础发酵

搅拌好的面团进行基础发酵，温度控制在 28℃～30℃，相对湿度为 75%～80%，时间为 25～30 分钟。

基础发酵非常重要，良好的发酵可以使面筋充分软化，酵母充分繁殖，使烤出来的面包得到应有的体积。

3. 分割、滚圆、松筋、成型

面团分割成所需要的重量，滚圆，松筋 5 分钟，最后制作成所需要的形状。

4. 最后醒发

把面团放入醒发室发酵，温度控制在 38℃，湿度控制在 80%，发酵至面团体积为原来的 2.5 倍时取出，时间约 70 分钟。

5. 烘烤

取出面团，稍微吹干一下表皮，用毛刷蘸取适量蛋液，均匀地扫在面包表面，入烤炉烘烤，至面包呈金黄色，用手触摸有弹性。此时面包已经完全成熟，然后出炉、脱模、冷却。

二、直接面团法的特点

直接面团法生产面包的优点：①只搅拌一次，节省人工与机器的操作；②发酵时间较二次发酵法短，方便快捷；③此法做出的面包具有较好的麦香味。

但是，直接面团法也有不足之处，如面包体积小、内部气孔粗、气孔膜厚、面包易老化、制品货架寿命短等。

第二节　中种发酵法

中种发酵法又称二次发酵法，国外叫海绵法，即两次搅拌、两次发酵的方法，第一次搅拌时将配方中部分面粉和此面粉重量的 60%～68% 的水以及酵母一起搅拌成均匀的面团，即中种面团，又叫种面，然后把种面放入发酵室发酵至原体积的 4～5 倍。

第二次搅拌时把种面与配方中剩余的面粉、糖、水、盐、奶粉、油、蛋、改良剂等一起搅拌成光滑、面筋充分扩张的面团，此面团叫主面团。

一、中种发酵法的工艺流程

中种发酵法的工艺流程如下：

（1）种面部分：搅拌→发酵。

（2）主面团部分：搅拌→基础发酵→分割→滚圆→松筋→成型→最后醒发→烘烤→冷却→包装。

下面以制作不带盖吐司面包为例，介绍一下这种生产方法。下表是中种发酵法中不带盖吐司面包配方。

不带盖吐司面包配方（中种法）

原料		重量（g）
种面部分	高筋面粉	1000
	酵母	10
	水	650
主面团部分	高筋面粉	500
	砂糖	300
	改良剂	6

续表

原料		重量（g）
主面团部分	盐	15
	全蛋	120
	奶粉	60
	黄奶油	120
	水	300

1. 搅拌

（1）种面部分

将配方中高筋面粉、水、酵母一起搅拌成均匀的面团，温度控制在 28℃左右，然后把面团放入发酵室发酵至原体积的 4～5 倍。

（2）主面团部分

①把配方内的砂糖、水、全蛋、种面放入搅拌桶，慢速搅拌至砂糖溶解。

②依次加入高筋面粉、改良剂、酵母、奶粉等干性原料，慢速搅拌均匀，至搅拌桶内水分完全被吸收，形成一个表面粗糙的面团，这表明所有原料已经均匀地分布在面团的每一部分。

③转高速搅拌，至面团表面光滑，然后暂停，加入黄奶油和盐，慢速搅拌至黄奶油全部融入面团。

④转高速搅拌至面筋完全扩展，最后慢速搅拌 1～2 分钟停机。此时用手抓面团时，面团有良好的延展性和弹性，并且能拉出一张很均匀的面筋膜。现在为搅拌的最佳阶段，应即刻停止搅拌。

2. 基础发酵

搅拌好的面团进行基础发酵，温度控制在 28℃～30℃，相对湿度为 75%～80%，时间为 15～25 分钟。

3. 分割、滚圆、松筋、成型

面团分割成所需要的重量，滚圆，松筋 5 分钟，最后制作成所需要的形状。

4. 最后醒发

将面团放入醒发室发酵，温度调整至 38℃，湿度调整至 80%，发酵至面团体积为原来的 2.5 倍时取出，时间约 70 分钟。

5. 烘烤

面团取出，稍微吹干一下表皮，用毛刷蘸取蛋液，均匀扫在面包表面，入烤炉烘烤，至面包呈金黄色，用手触摸有弹性，此时面包已经完全成熟，然后出炉、脱模、冷却。

二、中种发酵法的特点

中种发酵法的优点：①面团发酵时间充足，发酵风味特别突出，并且酵母有足够的时间来繁殖，所以配方内的酵母可以节省20%。②用中种发酵法所做的面包，一般体积较一次发酵法做出的面包大，面包内部组织也比较细腻、柔软。

但中种发酵法也有缺点，如需要的人工成本高、时间长、场地大。

第三节　冷冻面团法

国内一些西点连锁企业多采用中央工厂集中生产、多点销售的经营方法，为了解决配送距离远的问题，多采用冷冻面团法生产面包。经过发酵、整型后的面团放入冷冻室冷冻，温度设置在 -10℃以下，面团冻硬后，放入0℃～5℃的环境下保存，或用冷藏车运至销售点，再解冻、醒发、烘烤。

冷冻面团法可以很好地解决工厂和销售点不在一起的问题，尤其适合大型连锁企业。但是，其生产成本高，条件要求高。

冷冻面团法的工艺流程如下：

搅拌→基础发酵→分割→滚圆→成型→冷冻→解冻→最后醒发→烘烤→冷却→包装

1. 面团的搅拌

冷冻面团最好选用蛋白质含量比较高的面粉，在搅拌过程中，应注意面筋的扩张情况，尽量不要搅拌过度，如果搅拌过度，面团将变得过分柔软，面团冷冻后持气性会变差。

冷冻面团搅拌完成后，面团温度控制在24℃～26℃比较好，比常温面团低1℃～2℃，这样在面团冷冻前可以尽可能降低酵母繁殖速度。如果面团温度过高，酵母过早繁殖，面团发酵产气，使面团在分割时不稳定，成型操作困难，导致保鲜期缩短。

2. 基础发酵

基础发酵时间控制在25～30分钟，时间不要太长，如果基础发酵时间太长，酵母繁殖过快，酵母在冷冻、储藏过程中损失会增加，导致储存期缩短。

3. 分割、滚圆、成型

根据需要进行分割、滚圆、成型制作，在制作完成的面包半成品下面垫一张油纸垫，然后放入专用的食品箱，一层层叠起来，放入冷库冷冻，这样可以节约空间。

4. 冷冻与冷藏

面包成型后，放置在 –30℃ 以下的环境冷冻，时间为 60 ~ 70 分钟，以使面团完全冻结，中心温度达到 –20℃ 以下，然后储存在 –23℃ ~ –18℃ 的温度环境下，保质期可达到 20 天。但是，这样的条件成本比较高，如果面团储存两三天时间，则不需要这么低的温度。国内大多数食品企业，都是下午生产，第二天早上配送，储存时间在 3 日左右。因此，我国大多数中小型食品企业都采用比较高的温度：把成型后的面包半成品，放置在 –10℃ 左右的环境中冷冻，时间 2 ~ 3 小时，面团中心温度达到 –5℃ 以下，然后储存在 0℃ 以下的环境中。

5. 解冻

冷冻面团在发酵前要先解冻，然后才能放入发酵箱发酵，否则面团中心温度低，发酵慢，会出现硬心现象。先把面包半成品取出，摆盘放好，自然解冻 1 ~ 2 小时，使面团恢复原有的硬度，此时面团表面不再有水汽凝结，用手触摸柔软而富有弹性。

6. 发酵与烘烤

将解冻后的面团放入醒发室发酵，温度调整至 38℃，湿度调整至 80%，发酵至面团体积为原来的 2.5 倍时取出，时间约 50 分钟，然后装盘烘烤。

（1）在选择酵母时，最好选用鲜酵母，因为鲜酵母抗冻能力较强，冷冻后成活率高，而即发干酵母抗冻能力比较差，不适合制作冷冻面团。

（2）面团从冰箱取出后，由于与外界有温差，面团表面会凝结一层水珠，在面团进入发酵箱之前水珠必须完全蒸发，否则会发生面包表面出现黑斑、气泡，面包体积变小等情况。

（3）冷冻面团不是对所有面包都适用，而是多用于一些小型甜面包，如丹麦面包、酵母面包、甜甜圈等。

第四节　压面法

压面法在国内很常见，多用来制作微波面包、艺术面包等一些硬质面包，这些面包的特点是制品组织细密、造型精美。

压面法是将所有原料搅拌成均匀的面团，不需要搅打出筋度，然后静置 10 ~ 20 分钟，让面包中的蛋白质充分吸收水分形成面筋，最后用压面机反复滚压至光滑，不需要基础发酵，直接进入下一道工序即分割→滚圆→成型→醒发→烘烤的方法。

下面以动物面包等为例介绍这种生产方法。

动物面包配方（压面法）

原料		重量（g）
A	老面团	3750
B	低筋面粉	1125
	高筋面粉	2625
	泡打粉	20
	酵母	37.5
	盐	37.5
C	全蛋	600
	牛奶	300
	细砂糖	750
D	黄奶油	450

1. 搅拌

（1）B 部分酵母加少许温水，泡成糊状，活化 10～20 分钟，备用。

（2）A 部分老面团与 C 部分的全蛋、牛奶、细砂糖一起投入搅拌机，慢速搅拌至糖溶解。

（3）依次加入 B 部分低筋面粉、高筋面粉、泡打粉、活化后的酵母、盐等干性原料，慢速搅拌均匀，至搅拌桶内水分完全被吸收。

（1）

（4）加入黄奶油，慢速搅拌至黄奶油全部融入面团，此时所有原料已经均匀地分布在面团的每一部分。

（5）将面团取出，放置 10～20 分钟，让面粉充分吸收水分，形成面筋；然后在压面机上反复滚压、折叠，成光滑细腻的面团，用手拉取面团，能拉出一张薄薄的面筋膜。

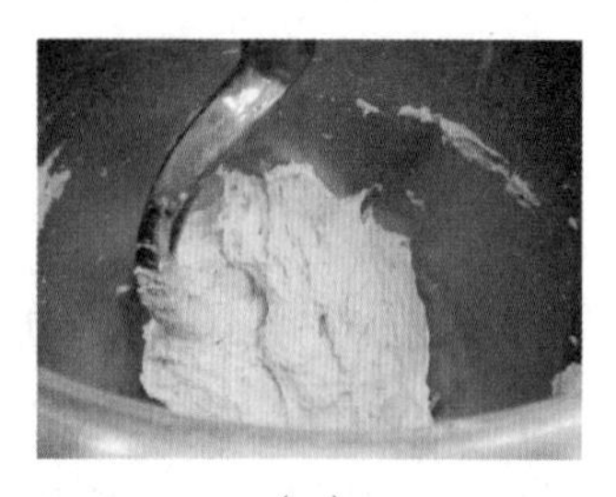

（2）

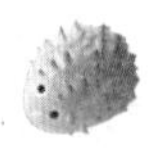

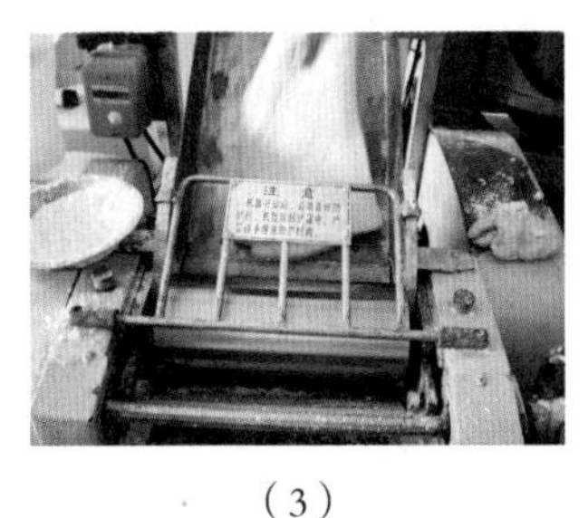
（3）

（4）

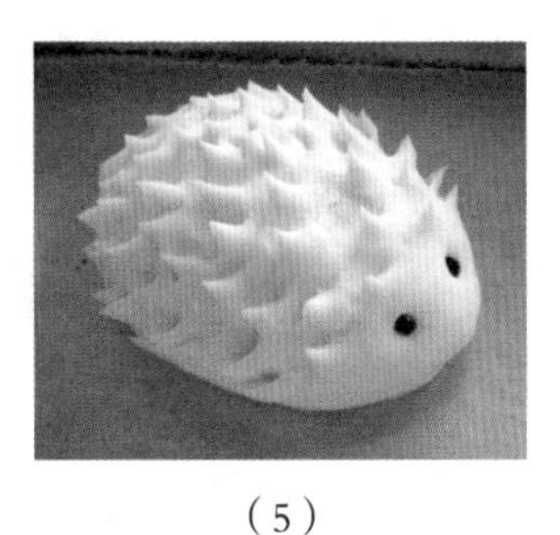
（5）

动物面包的制作

2. 分割、滚圆、成型

面团直接分割、滚圆、成型即可。这类面团水分含量比较低，“手感”比较硬，黏性较低，因此在成型操作时要特别注意接口的处理，因为接口很容易爆开，常用的预防方法是在接口处涂抹一些清水，提高面团黏性。

3. 最后醒发

把面团放入醒发室发酵，温度 38℃，湿度 80%，发酵至面团体积为原来的 2.5 倍时取出，时间为 90 ~ 120 分钟。这类面包水分含量比较低，酵母发酵速度比较慢，因此发酵时间比其他面包要长。

4. 烘烤

这类面包烘烤温度比常见的软质面包要低，时间稍长。在烘烤前，可以在面包表面均匀扫一层蛋液，也可以不扫蛋液直接烘烤，出炉后立即在面包表面扫牛奶。两种做法的区别在于，扫蛋液再烘烤的面包表皮光亮，呈深红色，烘烤后扫牛奶的面包色泽柔和，但表皮光亮度不如前者。

动物面包

第六章　软质面包制作技术

在生产中，我们常根据面包的组织特点和生产方法把面包分为软质面包、脆皮面包、松质面包和硬质面包四大类，其中软质面包组织松软而富有弹性，深受我国各地区人民喜爱。因此，在我国烘焙行业里面，软质面包生产量最大，品种和款式也最多。

第一节　吐司面包

国内所说的吐司面包是指切片的枕头形面包，其组织松软、细密，色泽洁白。市面上出售的吐司面包常切成一定厚度的面包片，食用时涂上一层奶油或果酱，也可以涂上一层蒜泥烤成金黄色的面包干，最多的是制作成各种口味的三明治。

一、甜吐司面包

甜吐司面包

甜吐司面包配方

原料		重量（g）
A	高筋面粉	1000
	砂糖	200
	酵母	10
	改良剂	4
	盐	10
	奶粉	40
B	全蛋	80
	水	580
C	奶油	80

制作过程

工艺流程：面团搅拌→基础发酵→分割→滚圆→松筋→成型→上盘→醒发→装饰→烘烤。

（1）把配方中的砂糖、水、全蛋倒入搅拌桶，慢速搅拌至砂糖溶解；依次加入高

筋面粉、改良剂、酵母、奶粉，慢速搅拌均匀，至搅拌桶内水分完全被吸收，成为一个表面粗糙的面团。

（2）转高速搅拌面团至表面光滑，然后暂停，加入奶油和盐，慢速搅拌至奶油全部融入面团。

（3）高速搅拌至面筋完全扩展，最后慢速搅拌 1～2 分钟停机。基础发酵 25 分钟。

（4）将面团分割成多个 200g 的小面团，滚圆，静置。

（5）将小面团擀开，卷成长棍，长 14cm，松筋 5 分钟。再擀开，卷起，宽度为吐司模宽度的 90%。在吐司模内壁均匀涂上一层奶油，防止粘模，取两个小面团并排放入模具，放入发酵箱发酵（温度 38℃、湿度 76%）。

（6）当面团发酵至与吐司模等高时取出，表面扫蛋液作为装饰，入炉以上火 160℃、下火 195℃ 的炉温烘烤，时间为 30～35 分钟，烤至表面呈金黄色，出炉后立即脱模，放在网架上冷却。

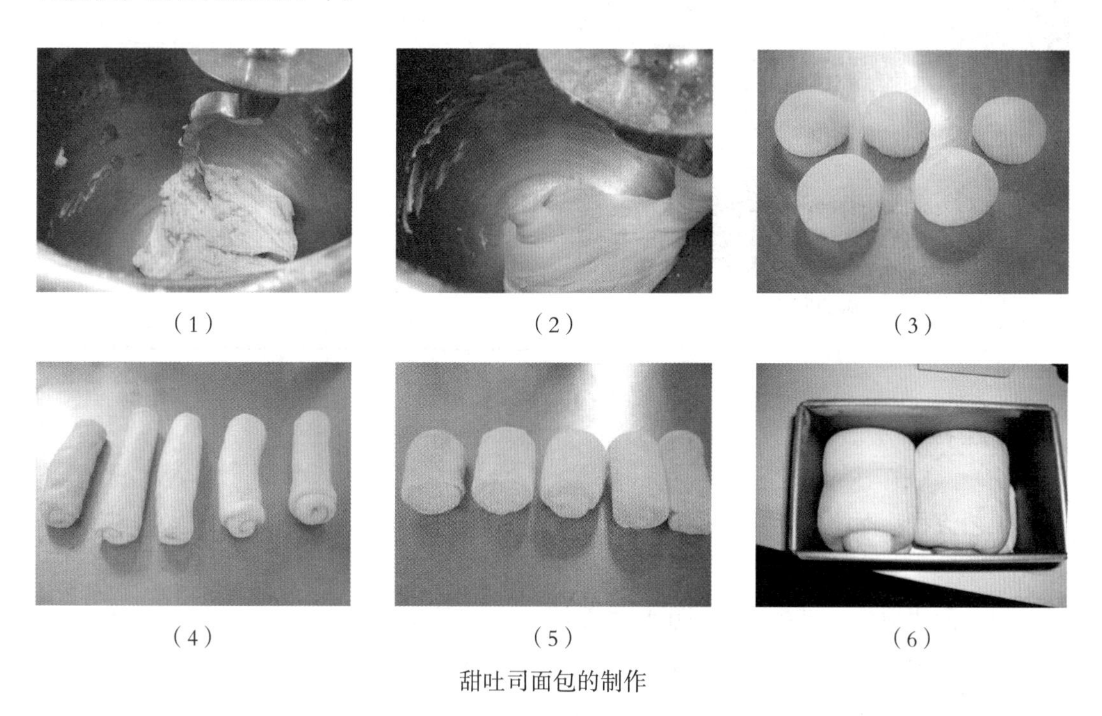

（1）　（2）　（3）

（4）　（5）　（6）

甜吐司面包的制作

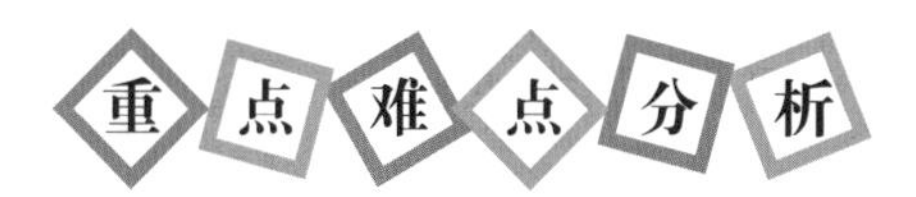

（1）烘烤时要注意炉温与时间，常出现的错误是上火过高，导致面包表皮色泽太深，中间却没有成熟。

（2）面包出炉后要立即脱模，放在网架上冷却，否则面包会收缩变形，即业内所说的“收身”现象。

二、咸方包

咸方包

咸方包配方

原料	重量（g）
高筋面粉	1000
砂糖	100
酵母	10
改良剂	4
盐	20
奶粉	40
全蛋	80
水	580
奶油	80

制作过程

工艺流程：面团搅拌→基础发酵→分割→滚圆→松筋→成型→上盘→醒发→装饰→烘烤。

（1）面团搅拌：直接法（同甜吐司面包）。

（2）面团基础发酵后分割成多个 200g 的小面团，滚圆后静置。

（3）小面团擀开，卷成长棍，长 14cm，松筋 5 分钟。再擀开，卷起，宽度为方包模宽度的 90%。

（4）在方包模内壁上扫一层奶油，防止粘模，取 5 个面团并排放入方包模，放入发酵箱发酵。

（5）当面团体积发酵至模具的 90% 时，盖好方包模盖，入炉以上火 190℃、下火 190℃ 的炉温烘烤，时间为 38～42 分钟，烤至金黄色，出炉后立即脱模，倒扣在网架上冷却。

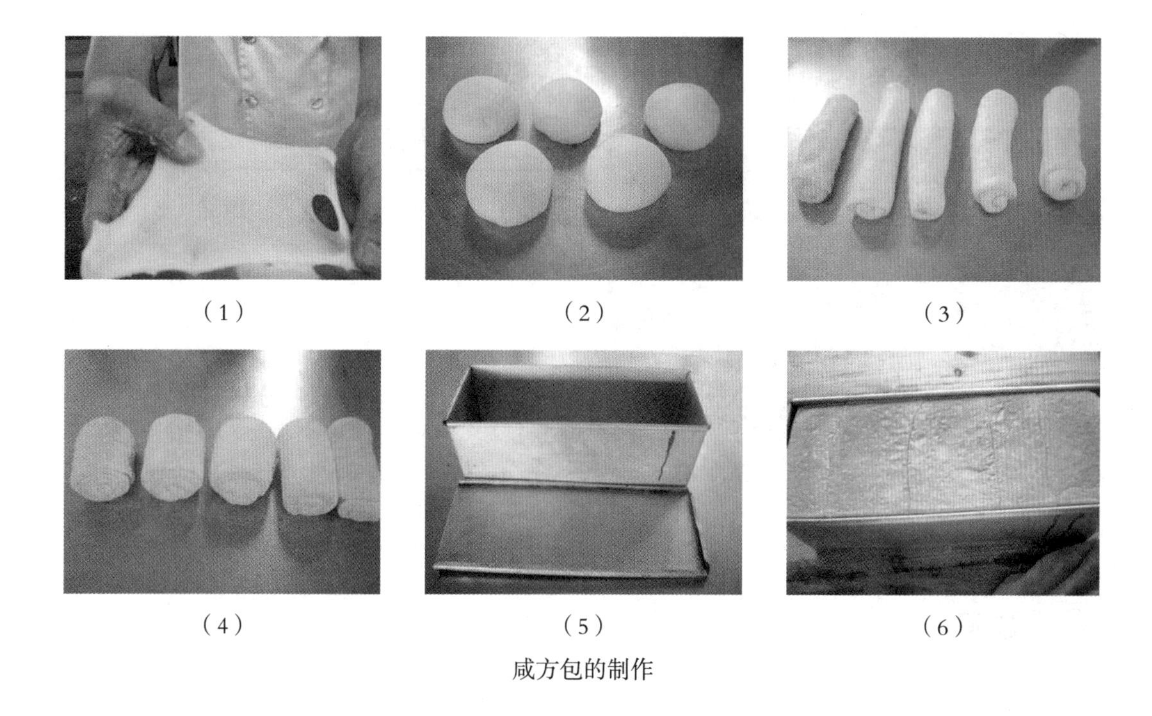

（1） （2） （3）

（4） （5） （6）

咸方包的制作

重点难点分析

（1）烘烤前，方包模盖也要扫奶油，否则会粘连，无法脱模。

（2）在烘烤方包时，不能随便打开方包模盖查看，要控制好炉温和烘烤时间，先设定一个标准的烘烤时间，如 42 分钟，时间到后先取出一个，打开方包模盖，先查看面包上面颜色，然后查看面包侧面颜色，只有等上面和侧面颜色都符合标准后才能出炉、脱模，如果颜色不足还可以继续烘烤。

第二节 墨西哥面包及其变化品种

在制作面包时，有时为了增加产品的层次感和风味，会在发酵完成的面团表面挤上一层由奶油、蛋、糖、面粉搅拌成的面糊来装饰，其中最具有代表性的是墨西哥面包，后来在其基础上又出现了雪山面包、沙丁面包和北海道面包，它们有相同的特点，也有不同之处，下面分别介绍这四种面包的制作过程。

一、墨西哥面包

墨西哥面包

墨西哥面包面糊配方

原料	重量（g）
奶油	150
糖粉	130
鸡蛋	120
低筋面粉	150

制作过程

工艺流程：制作装饰面糊→基础发酵→分割→滚圆→松筋→成型→上盘→醒发→装饰→烘烤。

（1）墨西哥面包面糊制作：

①奶油、糖粉搅拌均匀。

②分次加入鸡蛋，搅拌均匀。

③低筋面粉过筛，加入搅拌桶，搅拌成光滑细腻的面糊。

（2）取甜吐司面包面团一块，基础发酵 20 分钟，完成后分割成多个 50g 的小面团，滚圆，松筋。

（3）小面团反复搓圆，均匀放盘，也可以包入少许葡萄干或红豆馅，增加风味。

（4）放入发酵柜发酵，约 90 分钟后取出，将墨西哥面包面糊装入裱花袋，挤在面团表面呈螺旋状。

（5）入炉以上火 190℃、下火 175℃ 的炉温烤约 13 分钟，呈金黄色。

（1）

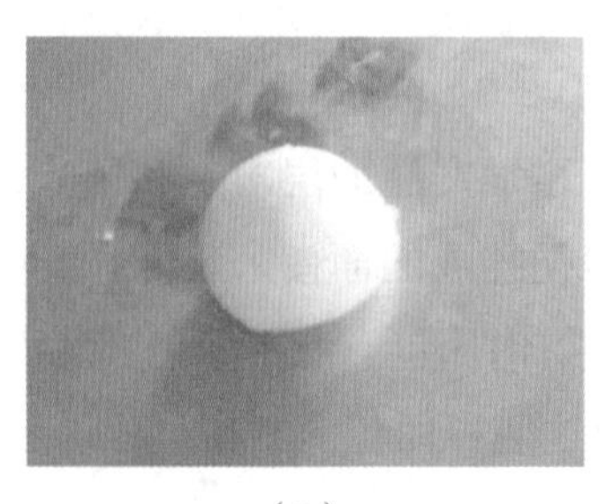
（2）

（3）

墨西哥面包的制作

（1）在制作墨西哥面包面糊时，应分次加入鸡蛋，等上一个鸡蛋与油脂充分融合后，才能加下一个，避免出现“油水分离现象”，否则面包制品表面粗糙不光滑。

（2）墨西哥面包面糊烘烤后会向下流泻，包住整个面包，因此挤面糊装饰时应挤在面包顶部，正中心不要留空隙。

（3）墨西哥面包在炉内膨胀后，体积比较大，因此面团发酵体积约为成品体积的 90% 即可烘烤，烘烤时面包着色快，要特别留心。

二、雪山面包

雪山面包

雪山面包面糊配方

原料		重量（g）
A	白奶油	550
	糖粉	550
B	色拉油	550
C	低筋面粉	500
D	奶粉	100
	低筋面粉	200
E	牛奶	250
	蛋白	250

制作过程

工艺流程：制作装饰面糊→基础发酵→分割→滚圆→松筋→成型→上盘→醒发→装饰→烘烤。

（1）雪山面包面糊制作：

①先将 E 部分拌匀，D 部分过筛，然后将 E、D 两部分搅拌成面糊备用。

②白奶油、糖粉搅打至松发，慢慢加入色拉油搅拌均匀，最后加入 C 部分拌匀。

③将①部分面糊加入②，慢速混合均匀，即成雪山面包面糊。

（2）取甜吐司面包面团一块，基础发酵 20 分钟，发酵完成后将面团分割成多个 50g 的小面团，再将小面团滚圆、松筋。

（3）小面团反复搓圆，均匀装盘，也可以包入少许葡萄干或红豆馅，增加风味。

（4）放入发酵柜发酵，约 90 分钟后取出，将雪山面包面糊装入裱花袋，挤在面团表面，呈螺旋状。

（5）入炉以上火 190℃、下火 175℃ 的炉温烤约 13 分钟。

（1）（2）（3）（4）

雪山面包的制作

三、沙丁面包

沙丁面包

沙丁面包面糊配方

原料	重量（g）
黄奶油	200
糖粉	200
鸡蛋	200
低筋面粉	200
可可粉	20
椰蓉	20

制作过程

工艺流程：制作装饰面糊→基础发酵→分割→滚圆→松筋→成型→上盘→醒发→装饰→烘烤。

（1）沙丁面包面糊制作：

①黄奶油、糖粉搅拌均匀。

②分次加入鸡蛋，搅拌均匀。

③低筋面粉、可可粉过筛，加入搅拌桶搅拌成光滑细腻的面糊，最后加入椰蓉搅拌均匀。

（2）取甜吐司面包面团一块，基础发酵 20 分钟，发酵完成后将面团分割成多个 50g 的小面团，将小面团滚圆、松筋。

（3）小面团压薄，包入红豆馅，均匀放入烤盘。

（4）将小面团放入发酵柜发酵，约 90 分钟后取出，把沙丁面包面糊装入裱花袋，挤在面团表面，呈螺旋状。

（5）入炉以上火 190℃、下火 175℃ 的炉温烤约 13 分钟。

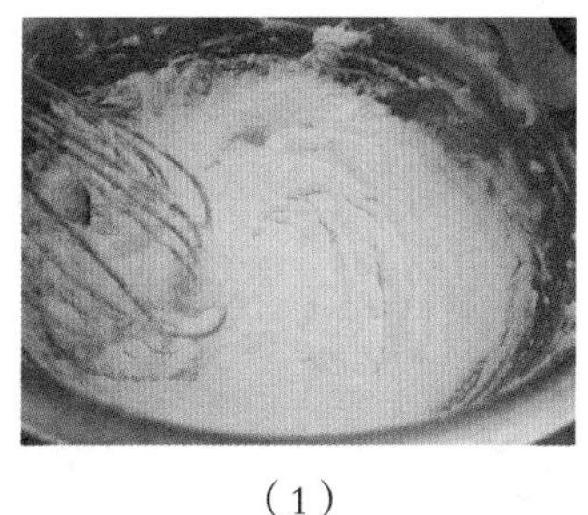

（1）

（2）

（3）

沙丁面包的制作

四、北海道面包

北海道面包

北海道面包面糊配方

原料	重量（g）
奶油	400
糖粉	550
全蛋	400
低筋面粉	600
泡打粉	6
牛奶	100

制作过程

工艺流程：制作装饰面糊→基础发酵→分割→滚圆→松筋→成型→上盘→醒发→装饰→烘烤。

（1）北海道面包面糊制作：

①奶油、糖粉搅拌均匀。

②分次加入全蛋，搅拌均匀。

③低筋面粉、泡打粉过筛，加入搅拌桶搅拌成光滑细腻的面糊，最后加入牛奶搅拌均匀。

（2）取甜吐司面包面团一块，基础发酵 20 分钟，发酵完成后，将面团分割成多个 50g 的小面团，将小面团滚圆、松筋。

（3）小面团压薄，包入红豆馅，均匀放入烤盘。

（4）把面团放入发酵柜，发酵约 90 分钟，取出，将北海道面包面糊装入裱花袋，挤在面团表面，呈螺旋状。

（5）入炉以上火 190℃、下火 175℃ 的炉温烤约 13 分钟。

（1） （2） （3）

（4） （5） （6）

北海道面包的制作

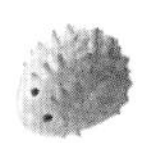

四种装饰面糊的制作工艺相差不大，但是色泽、风味相差很大：

（1）墨西哥面包面糊色泽金黄，有比较浓郁的奶油香味。

（2）雪山面包面糊色泽洁白，口感比较酥松。

（3）沙丁面包面糊呈棕褐色，常用果仁装饰，吃起来有“沙沙的感觉”。

（4）北海道面包面糊表面光滑，色泽金黄，口感松脆。

第三节　毛毛虫面包与椰香包

一、毛毛虫面包

毛毛虫面包外形十分可爱。面包的表皮是一条条酥脆的泡芙，面包中间通常夹有奶油馅，香甜可口，深受人们喜爱。

毛毛虫面包

泡芙面糊配方

原料	重量（g）
色拉油	150
黄奶油	150
水	300
高筋面粉	150
全蛋	220

制作过程

工艺流程：制作泡芙面糊→基础发酵→分割→滚圆→松筋→成型→上盘→醒发→装饰→烘烤。

（1）泡芙面糊制作：

①色拉油、黄奶油、水煮沸。

②加入高筋面粉，迅速搅拌，充分烫熟，离火。

③投入搅拌桶，高速搅打，温度降至40℃～50℃时，分次加入全蛋，搅拌均匀成光滑细腻的面糊。

（2）取甜面包面团一块，基础发酵20分钟，发酵完成后将面团分割成多个60g的小面团，将小面团滚圆、松筋。

（3）小面团擀开，卷成长棍，约14cm长。

（4）上盘，入发酵箱发酵约90分钟。

（5）发酵完成后，将泡芙面糊装入裱花袋，均匀挤在面包坯表面，入炉以上火200℃、下火180℃的炉温烤约16分钟。

（6）冷却后从侧面切开，不要切断，在中间夹入奶油馅。

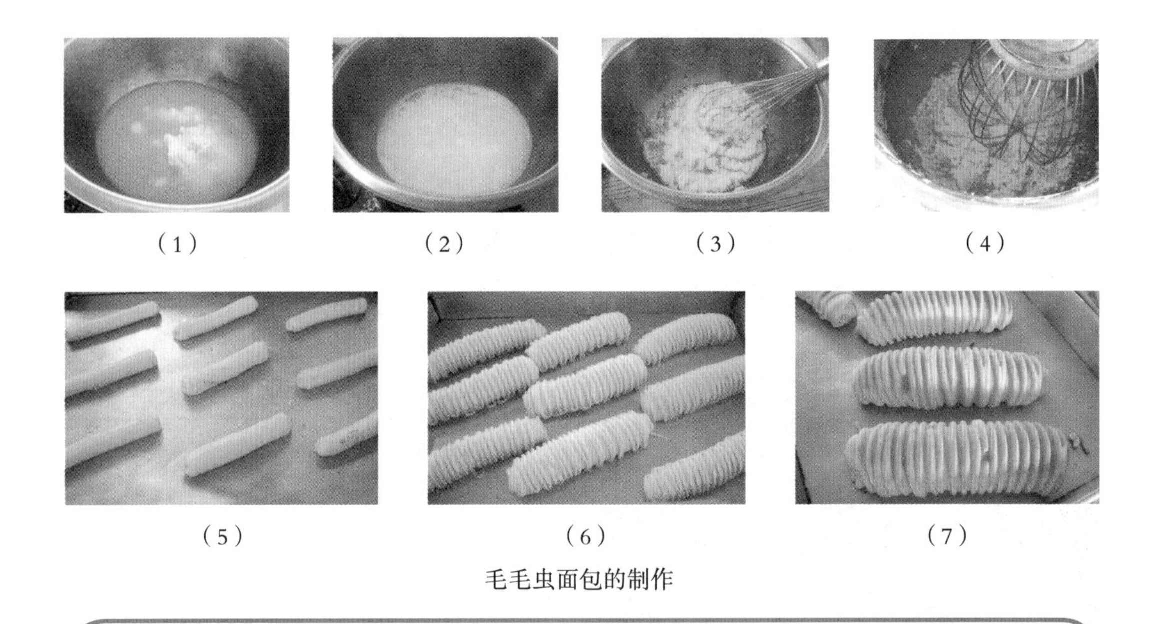
（1） （2） （3） （4）
（5） （6） （7）

毛毛虫面包的制作

重点难点分析

（1）制作泡芙面糊时，要注意加入全蛋时的温度、数量和速度。

①温度太高，全蛋会变性；温度太低，全蛋很难融入面糊。

②加入全蛋的速度太快，面糊乳化不完全，影响起发体积。

③泡芙面糊如果加蛋过多，线条容易上色，扁平不饱满，加蛋少则影响起发体积，甚至不起发。

（2）用泡芙面糊装饰面包时，要求均匀、美观，如果把整个面包看作一条“毛毛虫”，泡芙线条就是“毛毛虫”的“足”，常见的错误是线条太短，面包烘烤后膨胀，好像“足”挂在腰间一样。

（3）面包从侧面切开，切口要小，不能破坏整体造型。

毛毛虫面包夹心馅料的制作方法

早期的毛毛虫面包采用的是奶油布丁馅做夹心，后来市场上出现了专用的夹心奶油，它熔点低，入口即化，清香可口，用其制作奶油馅逐渐成为主流。

奶油布丁馅配方

原料	重量（g）
牛奶	1000
玉米淀粉	50
低筋面粉	50
细砂糖	220
蛋黄	8
黄奶油	50

（一）奶油布丁馅制作方法

（1）低筋面粉、玉米淀粉过筛，加入300g牛奶浸泡，搅拌均匀。

（2）加入蛋黄和黄奶油，搅拌均匀成光滑无粉粒的浓浆。

（3）将余下的牛奶、细砂糖煮开，加入上述浓浆煮成糊状，离火，晾凉备用。

（二）夹心奶油馅制作方法

（1）夹心奶油从冰箱中取出，切成小块，加入糖粉，高速打发。

（2）加入奶粉充分搅拌均匀。

夹心奶油馅配方

原料	重量（g）
夹心奶油	400
糖粉	200
奶粉	100

二、椰香包

椰香包

椰蓉馅配方

原料	用量
椰蓉	200g
奶油	150g
砂糖	175g
鸡蛋	1个

制作过程

工艺流程：制作馅料→基础发酵→分割→滚圆→松筋→成型→上盘→装饰→烘烤。

（1）制作椰蓉馅：

①奶油、砂糖混合均匀，加入鸡蛋搅拌均匀。

②加入椰蓉混合均匀。

（2）甜吐司面包面团基础发酵20分钟，再分割成多个50g的小面团，将小面团滚圆，松筋。

（3）将小面团压成圆片，包入约25g的椰蓉馅，搓成球状。

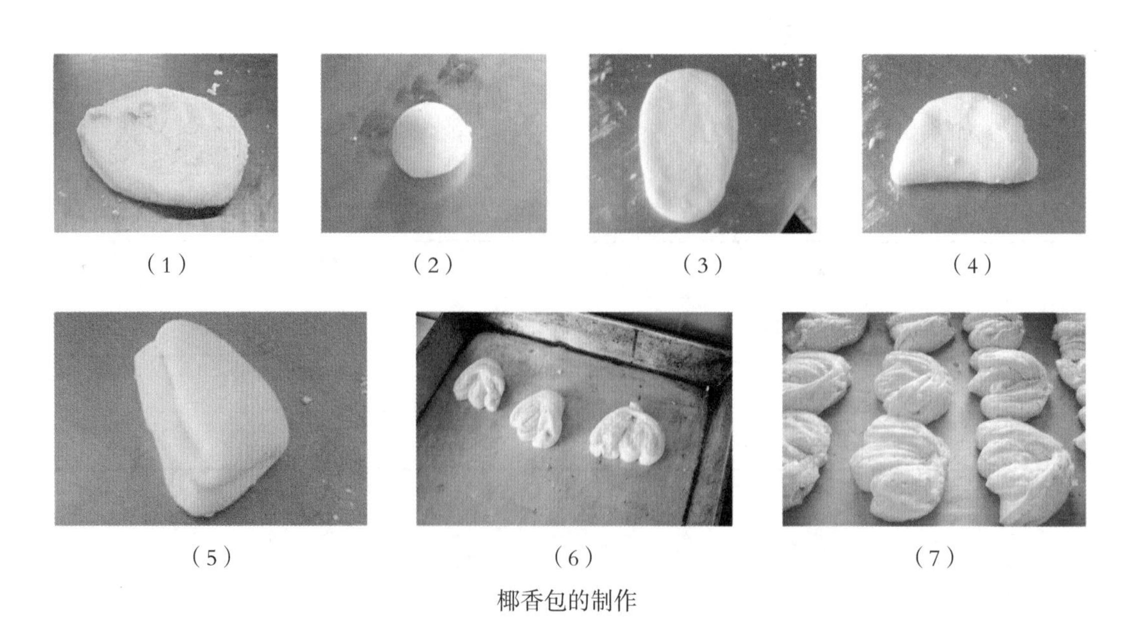
（1） （2） （3） （4）
（5） （6） （7）
椰香包的制作

（4）擀开，成椭圆形，先横折，再竖折一次，在中间切一刀，刀口翻转向上，均匀放入烤盘。

（5）放入发酵柜发酵约 90 分钟后取出，扫蛋液，入炉以上火 200℃、下火 180℃的炉温烤约 13 分钟。

（1）面团切开后，刀口向上，分开的两个部分尽量向中间靠拢，如果太分散，面团发酵后不饱满。

（2）可以在面包表面撒上杏仁片，口感会更好。

第四节　菠萝包及其变化品种

菠萝包在我国流传比较广，它表面有不规则裂纹，中间包有红豆馅或奶酥馅，形似菠萝，因此而得名。菠萝包最早在我国台湾地区出现，在我国南方地区又叫“台式菠萝包”。近几年，在其基础上又出现了一些变化产品，如菠萝布丁包、蓝莓菠萝包、港式菠萝面包等。

一、菠萝包

菠萝包

菠萝皮配方

原料	重量（g）
无水酥油	250
糖粉	150
鸡蛋	150
低筋面粉	500
奶粉	50

制作过程

工艺流程：制作菠萝皮→基础发酵→分割→滚圆→松筋→成型→上盘→醒发→装饰→烘烤。

（1）菠萝皮制作：

①无水酥油、糖粉高速搅拌至发白，呈绒毛状。

②分次加入鸡蛋，充分打发。

③低筋面粉、奶粉过筛，混合均匀。

（2）取甜吐司面包面团一块，基础发酵20分钟后，将面团分割成多个60g的小面团，将小面团滚圆、松筋。

（3）取菠萝皮20g，均匀包在小面团表面，呈圆形，再用刮板或菠萝印压出菱形花纹，接口向下，放入盘中。

（4）放入发酵柜发酵约90分钟。

（5）入炉以上火200℃、下火180℃的炉温烤约13分钟。

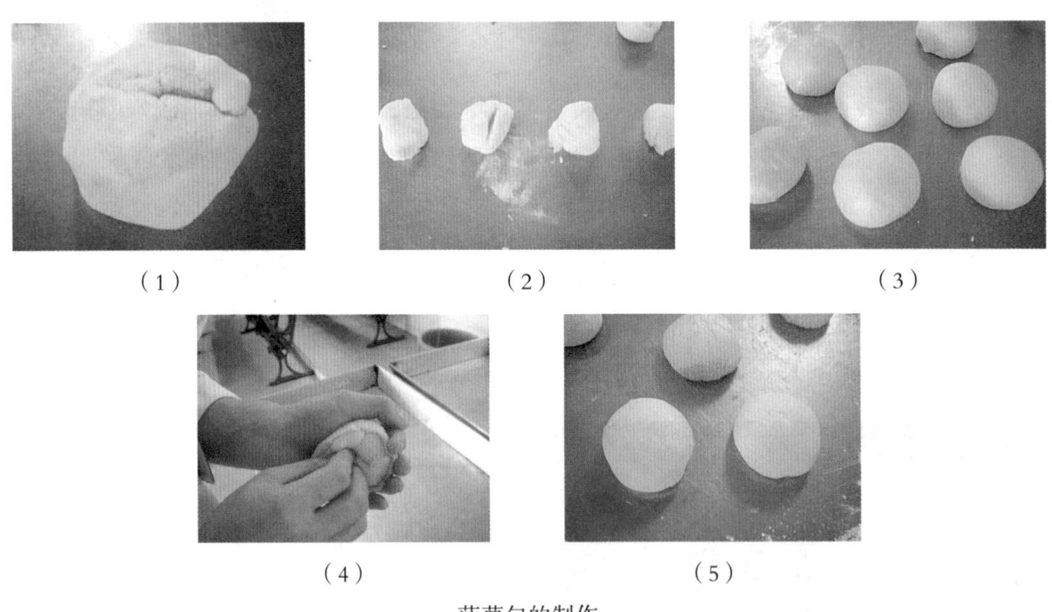

菠萝包的制作

（1）菠萝皮制作好后，要尽快用完。因为菠萝皮放置一段时间后，其中的

面粉会吸水，菠萝皮变得僵硬，容易破裂，操作困难。为了避免这种情况出现，可以在生产时先不加面粉，在加入鸡蛋打发后取出放入冰箱冷冻，用时再加面粉。

（2）面包最好采用常温发酵的方法，原因是发酵箱温度高，菠萝皮内的油脂会溶解分离，面包表皮裂纹不清晰，影响制品质量。

（3）如果中间包入馅料，一定要在最后收口时放入，避免馅料从顶部外漏。

二、菠萝布丁包

菠萝布丁包

布丁水配方

原料	重量（g）
水	750
牛奶	250
果冻粉	25
奶油	75
白兰地酒	5
蛋黄	50

制作过程

工艺流程：制作面团→基础发酵→分割→滚圆→松筋→成型→上盘→醒发→装饰→烘烤。

（1）取甜吐司面包面团一块，基础发酵20分钟后将面团分割成多个60g的小面团，将它们滚圆、松筋。

（2）取菠萝皮20g，均匀包在小面团表面，呈圆形，接口向下放在盘上。

（3）取葡式蛋挞模压在正中间，要求压到底。放入发酵柜发酵。

（4）发酵完成后取出，重新修正蛋挞模压的位置，不在正中和没有压到底部的要重新压好。

（5）入炉以上火200℃、下火180℃的炉温烤约13分钟，烤至面包呈金黄色，出炉冷却。

（6）制作布丁水：

①水、牛奶、果冻粉小火煮开，离火。

②趁热加入蛋黄、奶油搅拌均匀，最后加入白兰地酒混合均匀。

（7）面包冷却后，取下蛋挞模，在凹陷部位倒入布丁水，静置一段时间，等布丁水凝固即可包装。

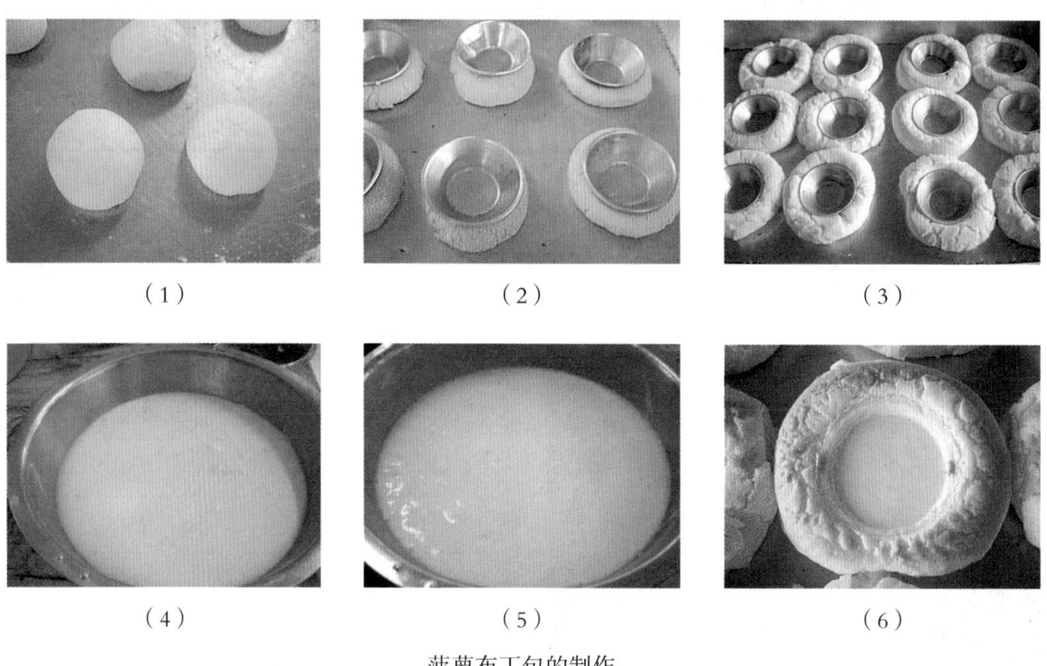

（1）　（2）　（3）

（4）　（5）　（6）

菠萝布丁包的制作

重点难点分析

（1）在制作面包时，不要摆放太集中，因为整个面包发酵后是横向膨胀的，如果间距太小，面包之间会出现粘连的情况，面包就会变形，从而影响外观。

（2）在煮布丁水时，要用小火，避免出现焦煳。布丁水最好在50℃左右倒入面包，如果温度太高，布丁水长时间不能凝固，会渗入面包；如果温度太低，布丁水部分出现凝固，表面不光滑，会影响制品外观。

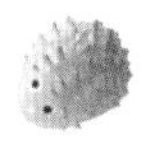

三、蓝莓菠萝包

制作过程

蓝莓菠萝包

工艺流程：基础发酵→分割→滚圆→松筋→成型→上盘→醒发→装饰→烘烤。

（1）取甜吐司面包面团一块，基础发酵 20 分钟后将面团分割成多个 60g 的小面团，将它们滚圆、松筋。

（2）取菠萝皮 20g，均匀包在小面团表面，呈圆形，再用手搓成橄榄状，接口向下，放入盘中。

（3）放入发酵柜发酵约 90 分钟。

（4）入炉以上火 200℃、下火 180℃的炉温烤约 13 分钟。

（5）冷却后从中间横向切开，不要切断，在面包底面抹上果酱，合上；在侧面抹上果酱，粘上椰蓉。

（1）　（2）　（3）　（4）　（5）

蓝莓菠萝包的制作

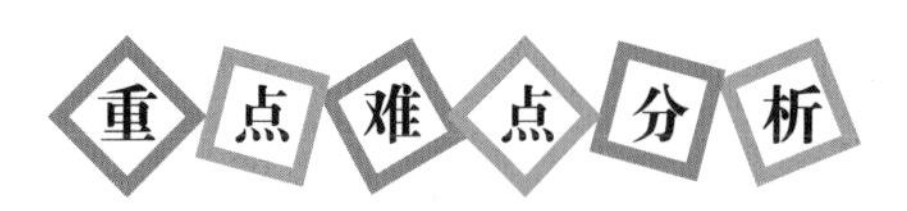

（1）在面包侧面粘上椰蓉的目的是防止粘连，无论是包装还是食用都很方便。

（2）用同样的方法，在面包底面和侧面抹上沙拉酱，粘肉松，制作菠萝肉松面包。

四、港式菠萝面包

港式菠萝面包又叫酥皮面包，是我国香港的一种甜味面包，它凹凸的裂纹形似菠萝，因此而得名。港式菠萝面包是香港最普遍的面包之一，在我国南方地区，菠萝包价格实惠，深受人们喜爱。港式菠萝面包表面的酥皮是其灵魂，一般由砂糖、鸡蛋、面粉与猪油等烘制而成，好的酥皮色泽金黄、香脆可口、甜而不腻。

港式菠萝面包

酥皮配方

原料		重量（g）
A	砂糖	3000
	水	350
	麦芽糖	300
	鸡蛋	300
	黄奶油	1000
	猪油	1000
	苏打粉	20
	泡打粉	20
	臭粉	30
	黄色素	少许
B	低筋面粉	5000

工艺流程：制作酥皮→基础发酵→分割→滚圆→松筋→成型→上盘→醒发→装饰→烘烤。

制作过程

（1）酥皮制作方法：A 部分所有原料混合均匀，加入 B 部分低筋面粉搅拌均匀即可，最好放置 5 小时以上再使用。

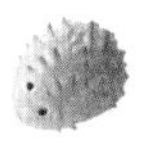

（2）取甜吐司面包面团一块，基础发酵 20 分钟后将面团分割成多个 60g 的小面团，把它们滚圆、松筋。

（3）小面团滚成球状，均匀排放在烤盘上，放入发酵箱发酵。

（4）发酵完成后，先在表面喷上一层水雾，取酥皮 20g，用不锈钢刀压成圆饼，要求大小正好盖住面包坯表面积的 2/3，轻轻盖在面包坯表面。

（5）在酥皮上面扫上一层蛋黄，用竹签在表面划出菱形花纹，入炉以上火 200℃、下火 180℃ 的炉温烘烤约 14 分钟，至面包呈金黄色。

（1）　（2）

（3）　（4）

港式菠萝面包的制作

重点难点分析

（1）酥皮制作要点：

①取木砧板一块，在下面垫一块湿毛巾，防止滑动。

②取酥皮 20g，用不锈钢刀压住酥皮上半部，刀身与砧板成 30° 夹角，顺时针旋转半圈；用同样的方法压住酥皮下半部，逆时针旋转半圈，使酥皮呈圆形。

③用刀铲起制作好的酥皮，放在面包坯表面。

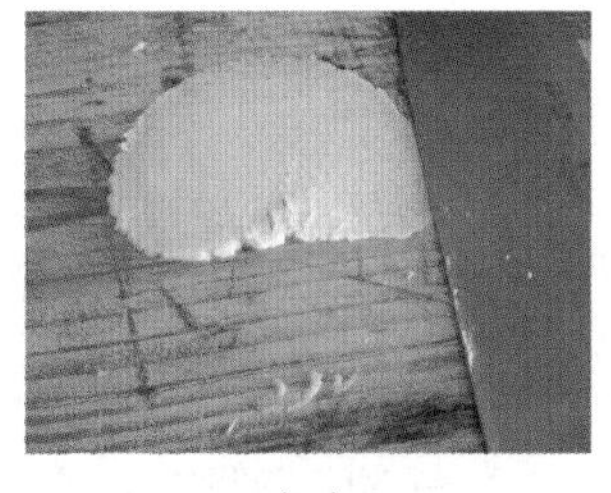

（1）

（2）在我国南方地区，橄榄形的菠萝红豆面包

（2）

（3）

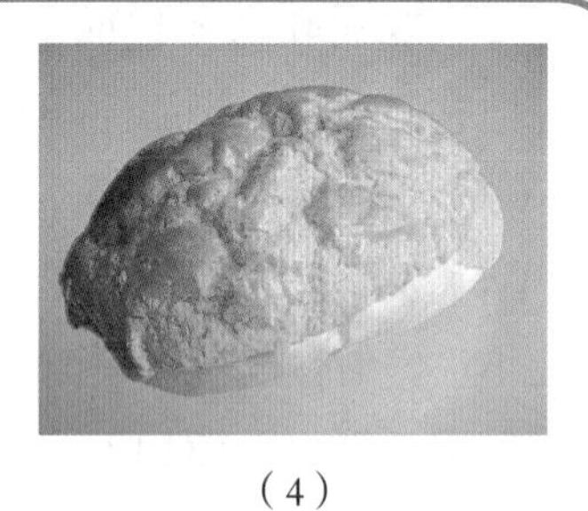

（4）

酥皮的制作

也是常见的一种，它的制作方法与港式菠萝面包基本相同：

①取甜吐司面包面团一块，基础发酵后将其分割成多个60g的小面团，将它们滚圆，松筋。

②小面团擀薄，包入30g红豆馅，做成橄榄形，装盘。

③放入发酵箱发酵至原体积的2.5倍。发酵完成后，先在表面喷上水雾，取酥皮20g，用不锈钢刀压成椭圆形，轻轻盖在面包坯表面。

④在酥皮表面扫上一层蛋黄，用竹签在表面划出菱形花纹，入炉以上火200℃、下火180℃的炉温烤约14分钟，成品呈金黄色。

第五节　花式调理面包

以下几款面包在制作时多以火腿、香肠、葱、沙拉酱为辅料，口味以咸、香为主，比较适合中国人的口味，同时制作工艺简单，容易为初学者所接受。因此，花式调理面包的市场普及度高，变化品种也比较多。

一、葱油调理面包

（一）元宝形葱油调理面包

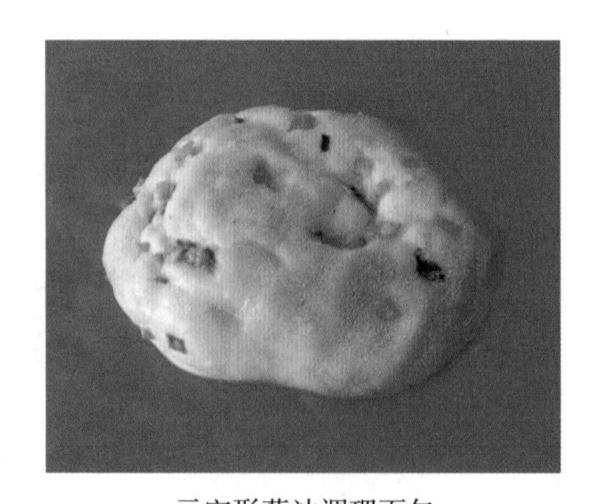

元宝形葱油调理面包

制作过程

工艺流程：制作馅料→基础发酵→分割→滚圆→松筋→成型→上盘→醒发→装饰→烘烤。

（1）葱油调理馅的制作：盐、葱花搅拌均匀，去掉部分水分，加入味精、火腿粒、奶油，

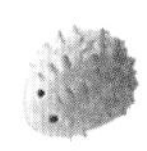

调均匀，最后加入鸡蛋拌匀即可。

（2）取甜吐司面包面团一块，基础发酵20分钟后将面团分割成多个60g的小面团，将它们滚圆、松筋。

（3）小面团压扁，包入30g葱油调理馅，做成圆形。

（4）小面团擀开，卷成长条，两端对折，用手捏紧两端，从中间纵向剪开，刀口向上反转，呈元宝形。

葱油调理馅配方

原料	用量
葱花	250g
盐	10g
味精	3g
鸡蛋	1个
火腿粒	100g
奶油	20g

（5）上盘，入发酵箱发酵约90分钟。发酵完成后，在表面先扫蛋液，然后挤上沙拉酱。入炉以上火200℃、下火180℃的炉温烤约13分钟。

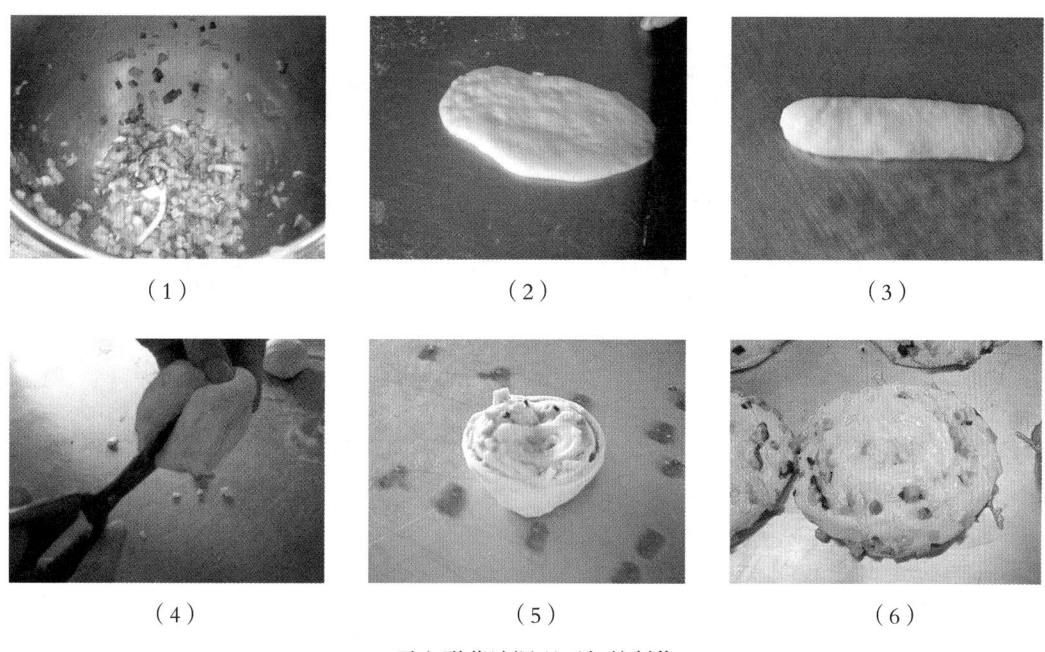

（1）　（2）　（3）　（4）　（5）　（6）

元宝形葱油调理面包的制作

（二）大S形葱油调理面包

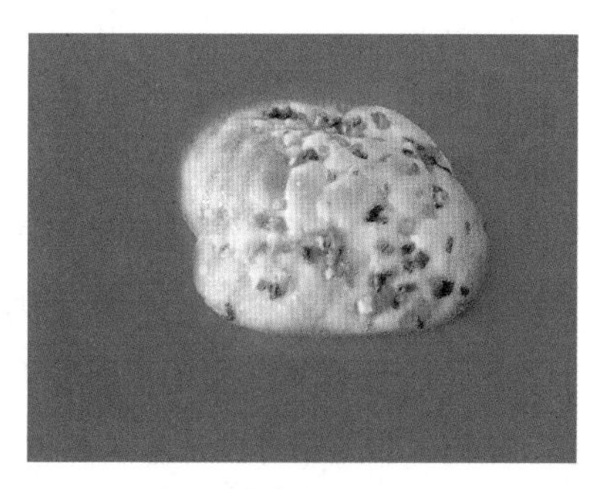

大S形葱油调理面包

制作过程

工艺流程：制作馅料→基础发酵→分割→滚圆→松筋→成型→上盘→醒发→装饰→烘烤。

（1）取甜吐司面包面团一块，基础发酵20分钟后将面团分割成多个 60g 的小面团，将其滚圆、松筋。

（2）小面团擀开，卷成长棍，搓长，折成“S”形。

（3）上盘，入发酵箱发酵约 90 分钟。

（4）发酵完成后，在表面先扫蛋液，再放上葱油调理馅，挤上沙拉酱。入炉以上火 200℃、下火 180℃ 的炉温烤约 13 分钟。

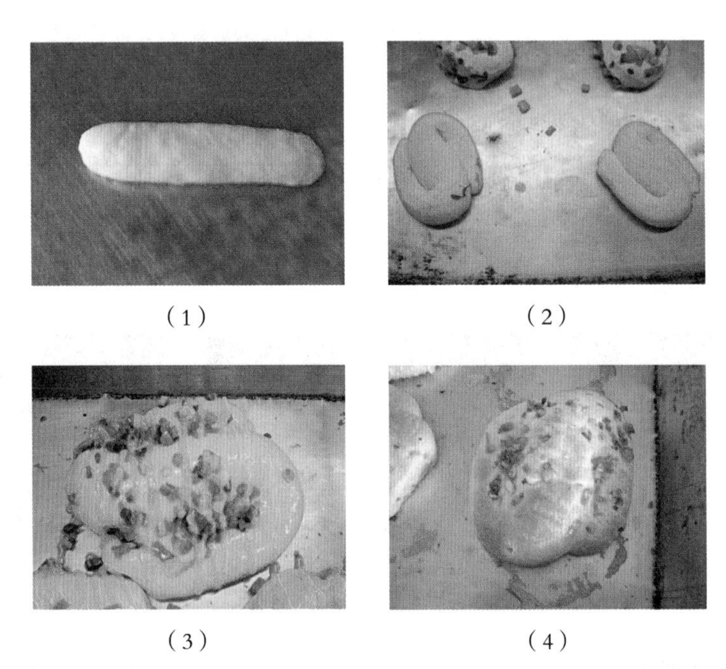

（1）　（2）

（3）　（4）

大 S 形葱油调理面包的制作

重点难点分析

沙拉酱最早是用蛋黄、橄榄油、柠檬汁制成的一种酱料，口味酸甜可口，被广泛用于西式菜肴和面包产品，如水果沙拉、蔬菜沙拉等。

现在市面上出售的沙拉酱口味繁多，如千岛沙拉酱、柳橙沙拉酱、日式沙拉酱等，它们用料虽然有所不同，但是制作方法基本相似。

原味沙拉酱配方

原料	重量（g）
鸡蛋	200
砂糖	300
盐	20
味精	15
色拉油	2500
白醋	80

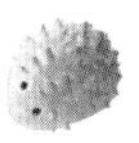

（1）鸡蛋、砂糖、盐、味精投入搅拌桶，高速搅拌至砂糖溶解。

（2）慢慢加入色拉油，不可太快，使其充分混合、乳化，防止分离。

（3）转中速，加入白醋，搅拌均匀即可。

在制作沙拉酱时，要特别注意卫生，因为沙拉酱多用于冷食，不再加热，所以从制作到保存都要确保卫生。制作沙拉酱用的油必须是液体油，不能用固体油脂，在冬季制作沙拉酱时，最好把油加热至40℃~50℃再使用。

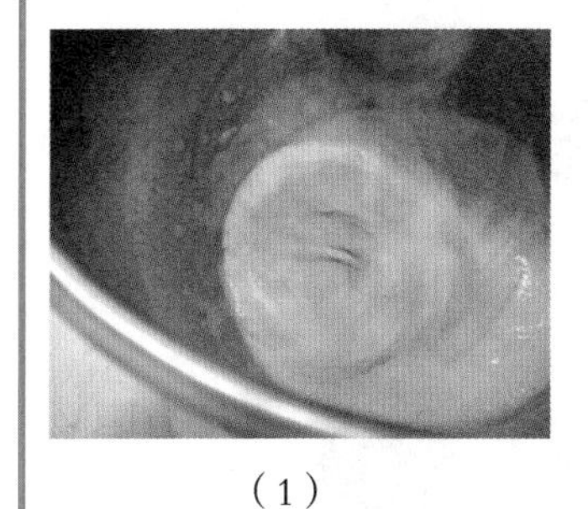

（1）

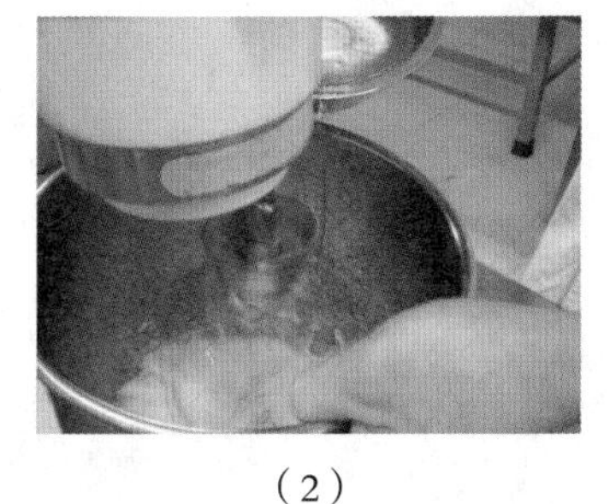

（2）

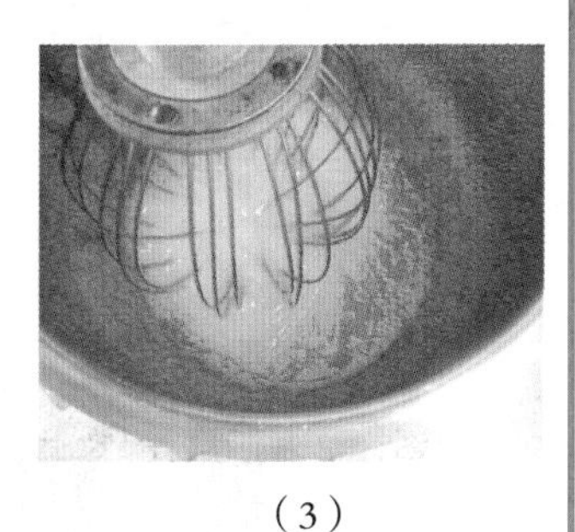

（3）

沙拉酱的制作

二、沙拉肉松面包

沙拉肉松面包

沙拉肉松面包配方

原料	重量（g）
甜吐司面包面团	60
肉松	15
沙拉酱	20

制作过程

工艺流程：基础发酵→分割→滚圆→松筋→成型→上盘→醒发→装饰→烘烤→冷却→二次加工。

（1）取甜吐司面包面团一块，基础发酵20分钟后将面团分割成多个60g的小面团，将它们滚圆、松筋。

（2）小面团压薄，卷成橄榄形，接口向下放盘，放入发酵柜发酵。

（3）发酵完成后，在表面扫蛋液，入炉以上火 200℃、下火 180℃ 的炉温烤约 12 分钟，烤至面包呈金黄色，出炉冷却。

（4）从中间切开，在中间抹少许沙拉酱；然后在表面均匀涂上一层沙拉酱，粘上肉松。

（1）（2）（3）（4）

沙拉肉松面包的制作

三、小热狗面包

小热狗面包

小热狗面包配方

原料	用量
甜吐司面包面团	15g
香肠	1/2 根
沙拉酱	5g

制作过程

工艺流程：基础发酵→分割→滚圆→松筋→成型→上盘→醒发→装饰→烘烤。

（1）取甜吐司面包面团一块，基础发酵 20 分钟后将面团分割成多个 15g 的小面团，将其滚圆、松筋。

（2）小面团压薄，卷成长条，搓长，均匀绕在香肠上面，接口向下放盘，放入发酵箱发酵。

（3）发酵完成后，在表面扫蛋液，挤沙拉酱，入炉以上火 200℃、下火 180℃ 的炉温烤约 12 分钟，烤至面包呈金黄色，出炉。

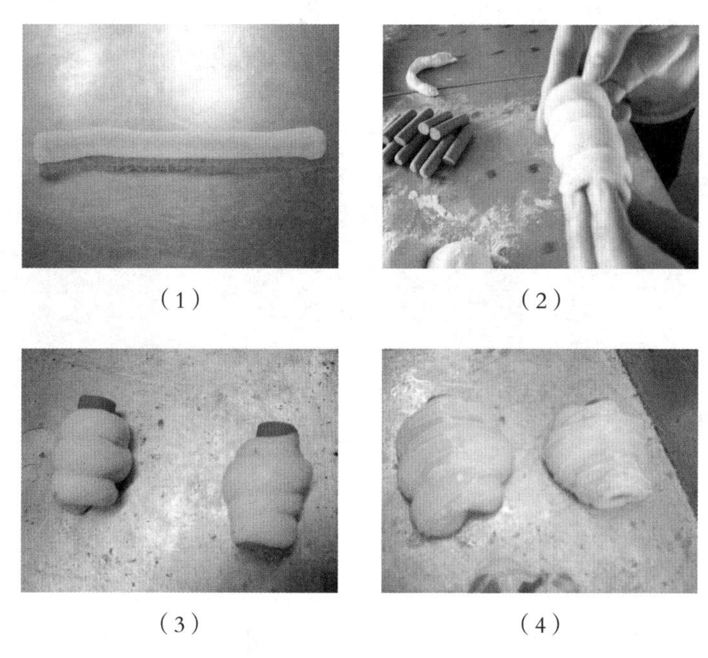

（1）　（2）

（3）　（4）

小热狗面包的制作

四、麦穗香肠面包

麦穗香肠面包

麦穗香肠面包配方

原料		用量
A	甜面包面团	60g
B	香肠	5 条
C	葱花	适量
	沙拉酱	5g

制作过程

工艺流程：基础发酵→分割→滚圆→松筋→成型→上盘→醒发→装饰→烘烤。

（1）取甜吐司面包面团一块，基础发酵 20 分钟后将面团分割成若干 60g 的小面团，逐个滚圆、松筋。

（2）小面团压薄，放上香肠，卷成长棍，上盘，用剪刀剪成片状，第一片正中放置，其余各片左右分开，摆成麦穗形状，放入发酵箱发酵。

（3）发酵完成后，在表面扫蛋液，撒上葱花，挤沙拉酱装饰，入炉以上火 200℃、下火 180℃ 的炉温烤约 12 分钟，烤至面包呈金黄色，出炉。

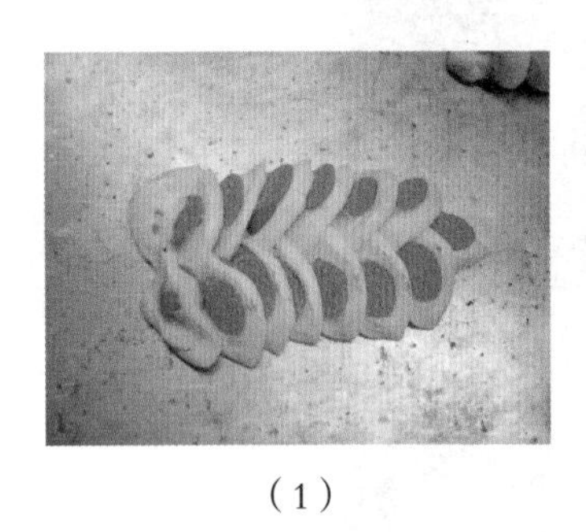
（1）

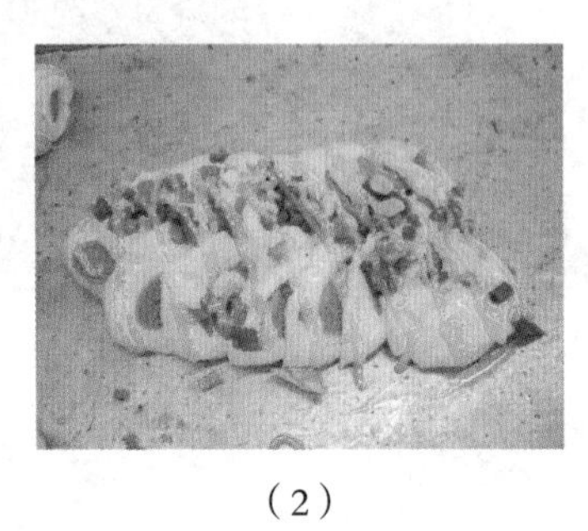
（2）

（3）

麦穗香肠面包的制作

第六节　牛油排包与软质小香包

油脂在面包中起着重要的作用：①增加制品风味，使制品组织细腻、柔软；②延缓淀粉老化，延长保质期等。而牛油排包与软质小香包正是利用油脂的这一特性，凭借自身油脂成分含量高、组织细腻柔软的优点，在琳琅满目的西点制品中别具特色、备受喜爱。

一、牛油排包

牛油排包

牛油排包配方

原料	重量（g）
高筋面粉	3000
细砂糖	660
盐	30
奶粉	120
酵母	30
改良剂	8
牛油香粉	12
全蛋	450
水	1140
奶油	450

制作过程

工艺流程：搅拌面团→基础发酵→分割→滚圆→松筋→成型→上盘→醒发→装饰→烘烤→冷却→包装。

（1）面团搅拌（直接法）：

①把配方内的细砂糖、水、全蛋倒入搅拌桶，慢速搅拌至细砂糖溶解；依次加入高筋面粉、改良剂、酵母、奶粉、牛油香粉等干性原料，慢速搅拌均匀，至搅拌桶内水分完全被吸收，形成一个表面粗糙的面团。

②转高速搅拌至面团表面呈光滑状，然后暂停，加入奶油和盐，慢速搅拌至油全部融入面团。

③转高速搅拌至面筋完全扩展，最后慢速搅拌1～2分钟停机，基础发酵30分钟。

（2）面团分割成若干50g的小面团，把小面团滚圆、松筋。烤盘扫奶油，备用。

（3）小面团用酥棍擀开，卷成长棍，松筋5分钟，搓长，两端向中间折起，折口向下放入烤盘，放入发酵箱发酵。在企业生产中，一般按照每排18个、每盘两排的数量进行装盘。

（4）发酵完成后，扫蛋液，入炉以上火190℃、下火160℃的炉温烘烤25分钟左右，即可出炉。出炉后冷却，切片包装。

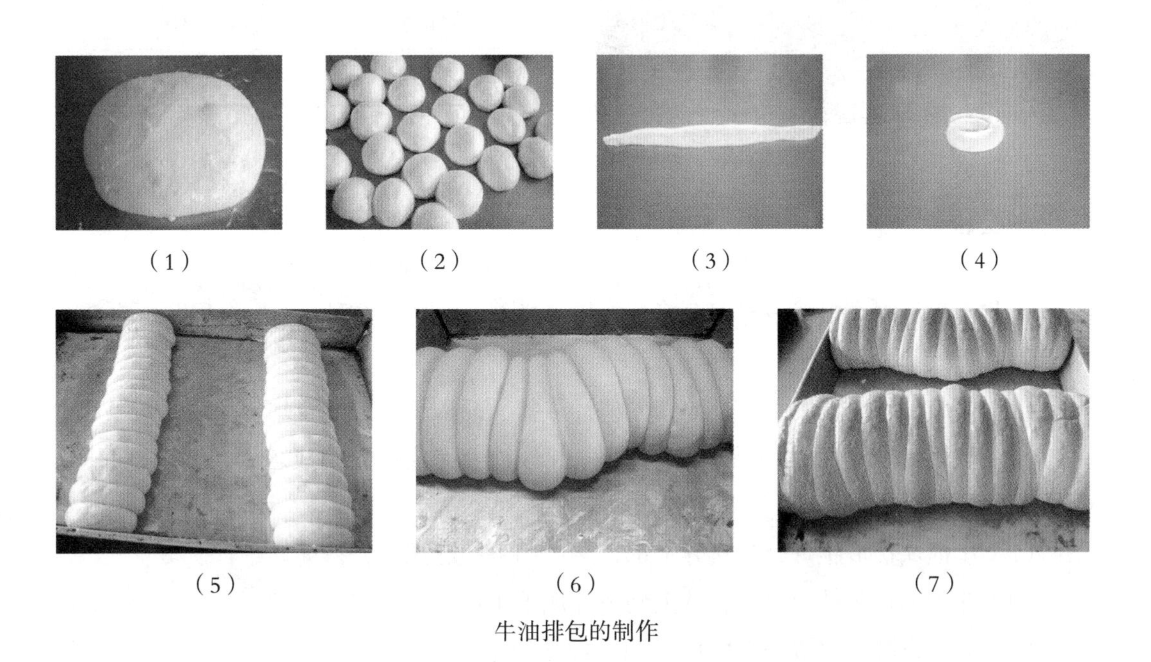

（1）　（2）　（3）　（4）

（5）　（6）　（7）

牛油排包的制作

重点难点分析

（1）在搅拌面团时，要注意面团的加水量，由于在搅拌后期加入油脂的量比较多，因此面团加水量比较少，在“物料混合阶段”面团感觉稍“硬”。

（2）此面包是切片售卖，要求组织细密、外形饱满，因此基础发酵的时间一定要充足；整型操作过程中，卷起的长棍要结实，摆放要整齐。

（3）面包烘烤时间比较长，不能单从表面颜色来判断面包是否成熟，还要结合时间，初学者常犯的错误是“外焦内生”。

二、软质小香包

软质小香包

软质小香包馅料配方

原料	重量（g）
奶油	200
盐	20
胡椒粉	10
香菜	20

制作过程

工艺流程：制作馅料→基础发酵→分割→滚圆→松筋→成型→上盘→醒发→装饰→烘烤。

（1）馅料制作方法：香菜切碎，同奶油、盐、胡椒粉一起混合均匀。

（2）取牛油排包面团一块，基础发酵 30 分钟，完成后分割成若干个 50g 小面团，将它们滚圆、松筋。

（3）小面团搓成锥形，先擀开上部，然后用手托起尾部，擀薄。

（4）在表面均匀抹上馅料，从上到下卷成羊角形，接口向下上盘。

（5）放入发酵柜发酵约 90 分钟，取出，扫蛋液。

（6）入炉以上火 190℃、下火 175℃ 的炉温烤约 13 分钟。

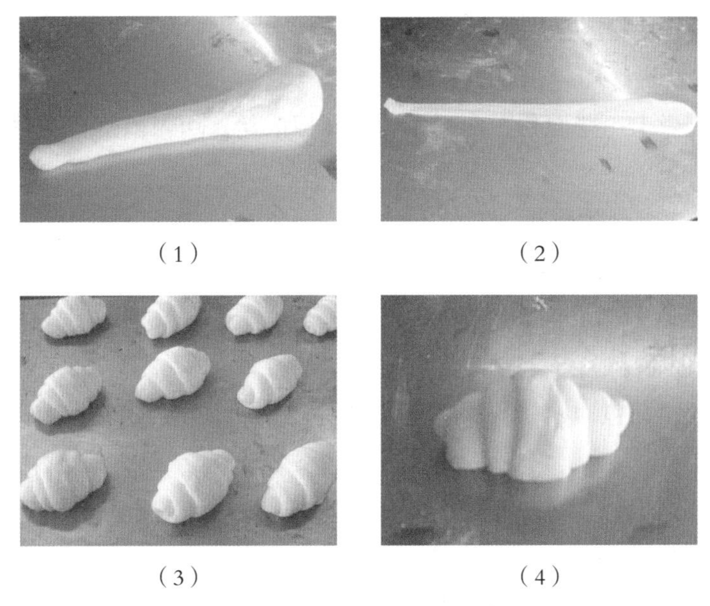

（1）　（2）

（3）　（4）

软质小香包的制作

第七节　松酥包与花生奶露包

一、松酥包

好的面包本身就是一件艺术品，松酥包的造型、装饰是非常考究的，松酥粒就是常用的一种表面装饰材料，它形似大米，口感松脆，通常用来粘在面包表面，丰富面包的层次感。

松酥包

松酥粒配方

原料	重量（g）
低筋面粉	500
糖粉	350
酥油	240

肉松紫菜馅配方

原料	重量（g）
肉松	500
紫菜	50
芝麻	30
沙拉酱	10

制作过程

工艺流程：制作松酥粒和肉松紫菜馅→基础发酵→分割→滚圆→松筋→成型→上盘→醒发→装饰→烘烤。

（1）松酥粒的制作方法：

①低筋面粉、糖粉混合均匀。

②加入酥油，搅拌均匀，成团。

③在案台上撒上一些面粉，面团用礤床儿擦成丝，均匀散落在案台上，最后在表面撒上一些面粉。

④收笼，筛去多余的面粉。

（2）肉松紫菜馅的制作：

①紫菜用水泡发，切碎；芝麻烤熟，压烂。

②加入肉松、沙拉酱混合均匀。

（3）取甜吐司面包面团一块，基础发酵后，将面团分割成若干 60g 的小面团，将它们滚圆、静置。

（4）小面团擀开，放入 20g 馅料，卷成橄榄状，长 12cm，表面扫蛋液，粘松酥粒，上盘，入发酵箱发酵。

（5）发酵完成后，入炉以上火 200℃、下火 180℃ 的炉温烘烤约 12 分钟，烤至金黄色，出炉后立即在表面扫黄奶油。

（1） （2） （3） （4） （5） （6） （7） （8）

松酥包的制作

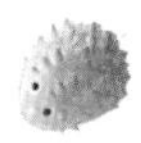

二、花生奶露包

花生奶露包

花生奶露馅配方

原料	重量（g）
夹心奶油	1000
糖粉	300
花生	200
花生酱	300

制作过程

工艺流程：制作馅料→基础发酵→分割→滚圆——→松筋→成型→上盘→醒发→装饰→烘烤。

（1）馅料制作：

①花生烤熟，用压面机反复压成粉。

②夹心奶油打发，加入糖粉搅拌均匀。

③加入花生粉、花生酱，搅拌均匀即可。

（2）取甜吐司面包面团一块，基础发酵后将其分割成若干 250g 的小面团，将小面团滚圆、松筋。

（3）小面团反复滚成球状，表面扫蛋液，粘松酥粒，入发酵箱发酵。

（4）发酵完成后，入炉以上火 170℃、下火 170℃ 的炉温烘烤约 20 分钟。

（5）面包冷却后从中间纵向切开，在下半部抹上花生奶露馅，约 1cm 厚，盖上另一半。

（6）用刀切成四块，在切口处撒上面粉，目的是防止馅料粘连包装袋。

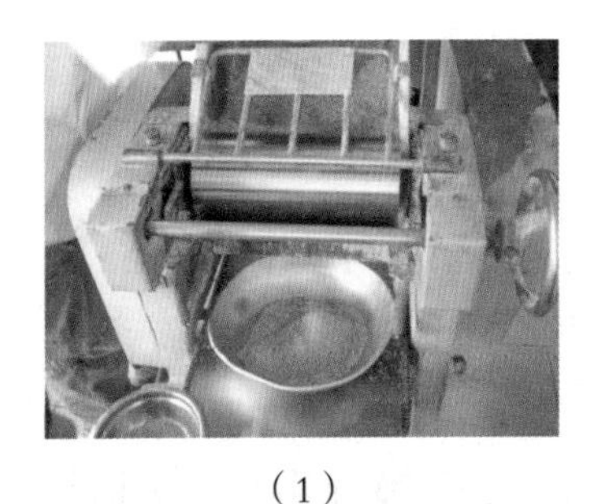

（1）

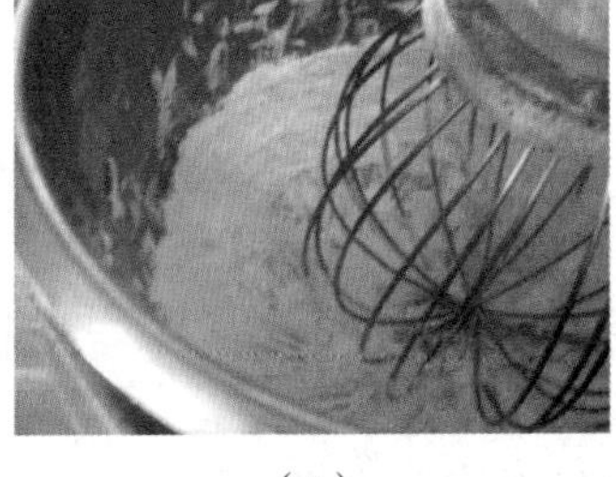

（2）

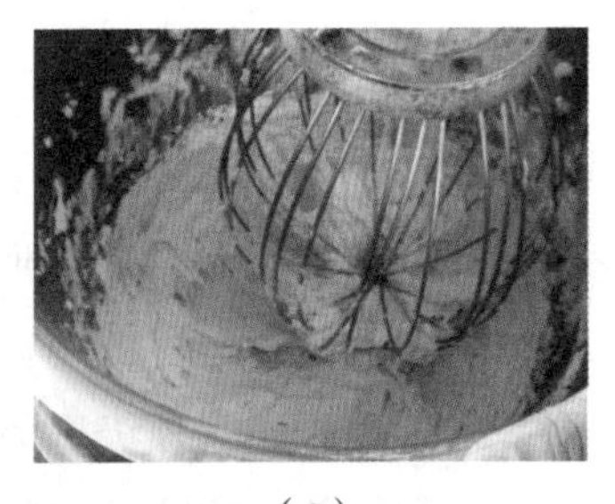

（3）

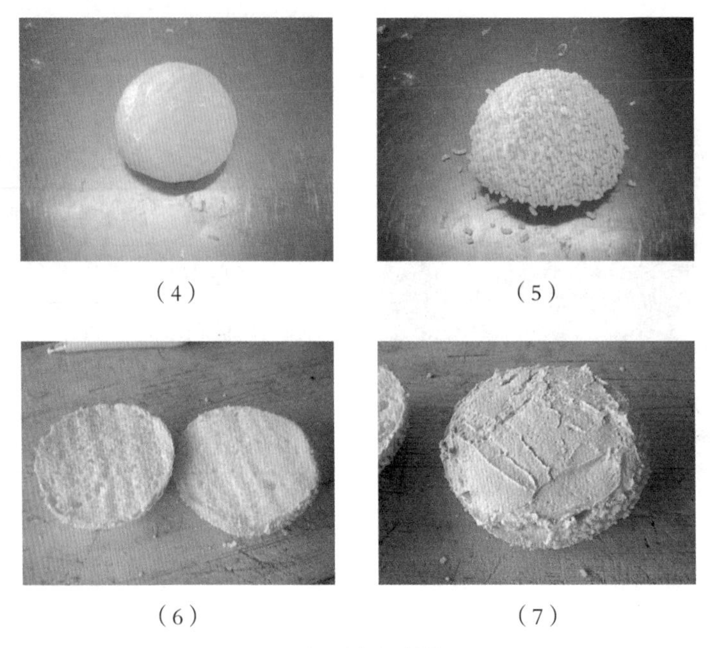

（4）　（5）

（6）　（7）

花生奶露包的制作

重点难点分析

（1）在制作松酥粒时，撒一些面粉是为了防止松酥粒相互粘连，但是不能撒太多面粉，如果撒的面粉太多，松酥粒的外表就像是“发霉”一样，不美观。

（2）花生粉和花生粒比较常用，具体操作方法：①花生烤熟，压面机厚度先调至花生大小，压第一遍，用风扇吹去外皮。②依次调小厚度，反复碾压，每次厚度调节不要太大，调到合适的大小，把花生压成所需要的形状。

第八节　比萨与奶酪面包

一、比萨

比萨是一种由特殊的饼底、乳酪、酱汁和馅料制成的，具有意大利风味的食品。

早期的比萨是饼，没有配馅。意大利人认为，好的比萨必须具备四个特质：新鲜饼皮、上等芝士、顶级比萨酱和新鲜的馅料。比萨饼皮要求轻、薄、有韧性，外层香脆，内层松软。比萨的馅料选材多样，肉类、蔬菜、水果均可以，变化多样，按馅料

的不同有超级至尊、海鲜比萨、美食天地、夏威夷风光、乳酪大会等品种。

比萨一般分为三种尺寸：6 英寸[①]（切成 4 块）、9 英寸（切成 6 块）、12 英寸（切成 8 块）。按饼底又可分为铁盘比萨和无边比萨两种。比萨讲究出炉即食，按照惯例，比萨要在出炉后的 30 分钟之内送到顾客的手中，此时的比萨色香味俱全，尤其是芝士，可以拉出长长的丝，别有一番滋味。

比萨

比萨皮配方

原料		重量（g）
A	高筋面粉	2400
	低筋面粉	1650
	酵母	70
	细砂糖	240
	盐	100
B	水	2340
C	奶油	200

比萨酱配方

原料		重量（g）
A	洋葱末	10
	蒜末	20
	奶油	28
B	番茄酱	180
	细砂糖	24
	盐	10
	水	少许
C	胡椒粉	6
	马郁兰	少许
	罗勒叶	少许

制作过程

工艺流程：制作比萨皮面团→制作比萨酱→饼底成型→装饰馅料→烘烤→分割。

（1）比萨皮制作方法：

①A 部分原料慢速混合均匀，加水搅拌成光滑面团。

②加奶油，搅拌至面筋扩张。

③取出面团，基础发酵 30 分钟，分割成若干个 200g 的小面团，将小面团滚圆、松筋。

（2）比萨酱制作方法：

①A 部分：奶油中火烧热，加入洋葱末、蒜末爆香。

②加入 B 部分原料，小火煮开。

③加入胡椒粉、马郁兰、罗勒叶调香，小火煮至浓稠，晾凉备用。

（3）取皮 200g，擀薄，用打孔器反复碾压，放入比萨盘，去掉四边。

（4）在底部均匀涂上一层比萨酱，放上洋葱圈、火腿片、虾仁、蟹柳、青椒丝、番茄片等馅料。馅料摆放要均匀、美观，不能全部堆在中间。

（5）在表面挤上一层比萨酱，最后刨上一层芝士丝。

---

① 1 英寸≈ 2.54 厘米。

（6）入炉以上火 200℃、下火 220℃ 的炉温烤熟。

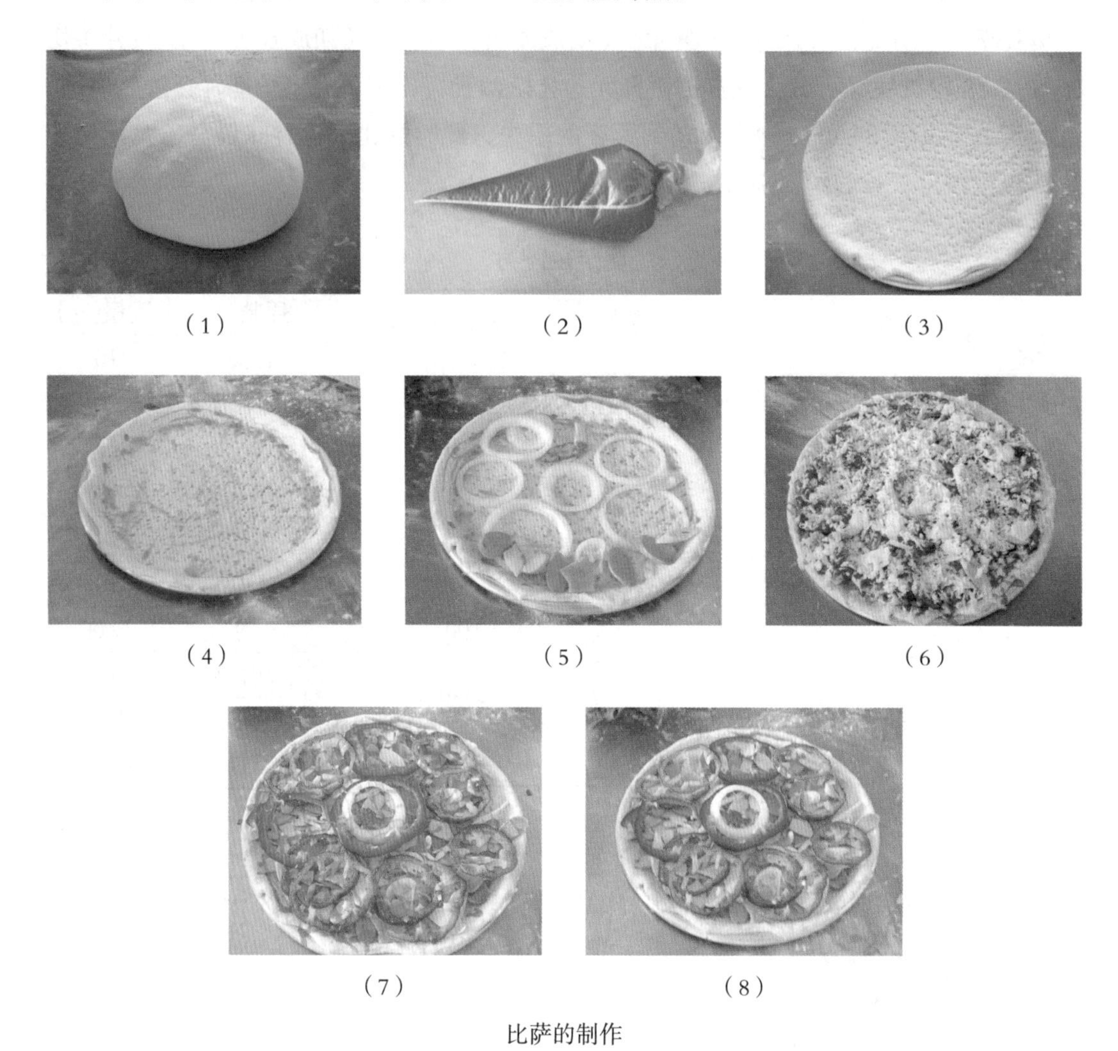

（1）（2）（3）（4）（5）（6）（7）（8）

比萨的制作

二、奶酪面包

奶酪面包

奶酪酱配方

原料	重量（g）
奶酪	1000
砂糖	380
奶油	350
全蛋	300
玉米淀粉	50

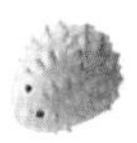

制作过程

工艺流程：制作奶酪酱→面团搅拌→基础发酵→滚圆→松筋→成型→上盘→醒发→装饰→烘烤。

（1）奶酪酱制作：

①奶酪、砂糖、奶油隔水加热，慢速搅拌至奶酪融化，离火。

②加全蛋搅拌均匀。

③加玉米淀粉搅拌均匀，成光滑细腻的面糊。

（2）取甜面包面团1000g，基础发酵后滚圆，静置。

（3）面团擀开或用开酥机压薄，大小同烤盘，厚薄均匀，放入烤盘，用打孔器打孔，放入发酵箱发酵。

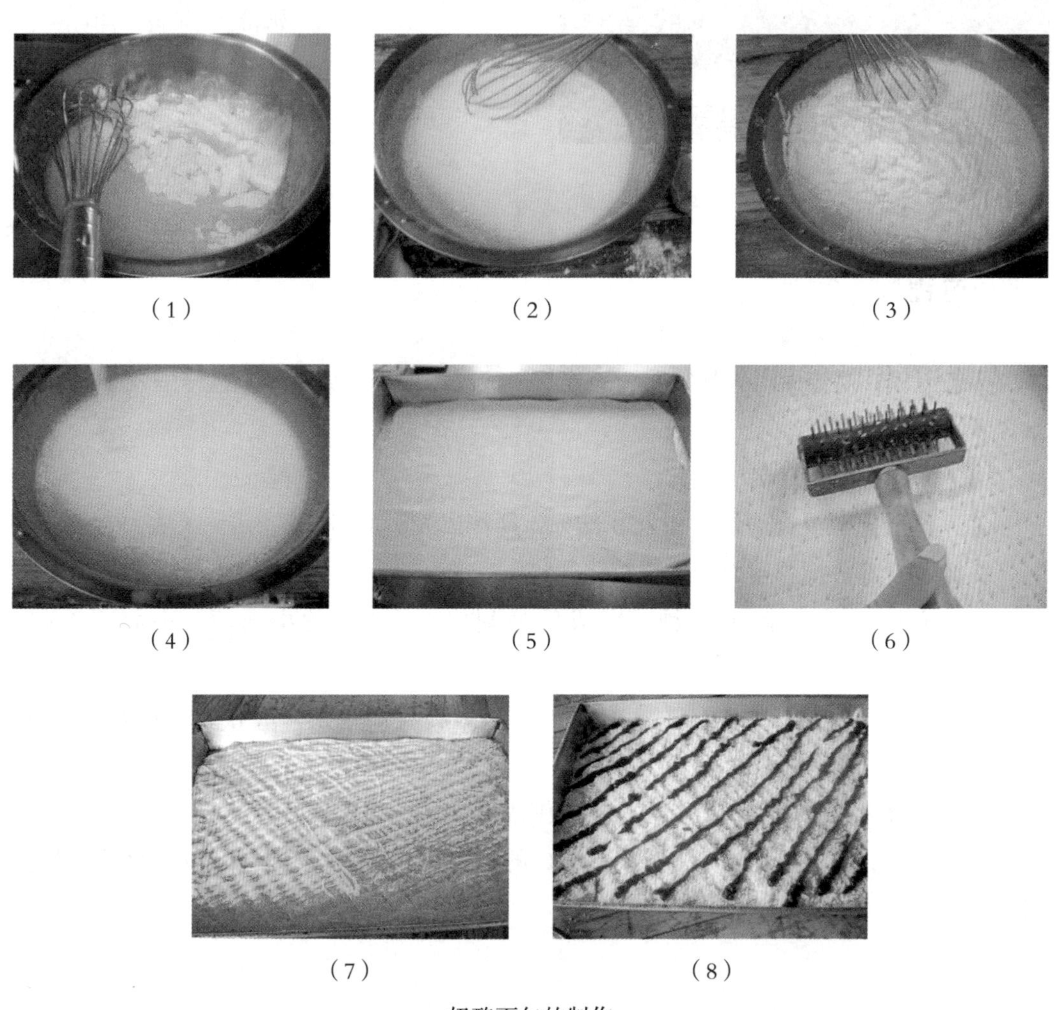

（1）　（2）　（3）　（4）　（5）　（6）　（7）　（8）

奶酪面包的制作

（4）发酵完成后，在表面挤上一层奶酪酱，呈网状，最后挤上蓝莓果酱装饰。

（5）入炉以上火 190℃、下火 200℃ 的炉温烘烤，时间为 18～20 分钟，出炉后冷却，切成小块售卖。

三、芝士小餐包

芝士小餐包

芝士小餐包配方

原料		重量（g）
A	高筋面粉	1000
	砂糖	160
	酵母	10
	改良剂	4
	盐	16
	奶粉	40
B	全蛋	40
	奶酪	150
	水	480
C	奶油	80

制作过程

工艺流程：搅拌面团→基础发酵→分割→滚圆→松筋→成型→上盘→醒发→装饰→烘烤。

（1）面团搅拌（直接法）：

① A 部分原料混合均匀，加入 B 部分，搅拌成光滑面团。

②加入 C 部分搅拌至面筋完全扩张。

（2）面团基础发酵 30 分钟，完成后分割成若干 35g 的小面团，小面团滚圆、松筋。

（3）小面团反复搓圆，放入扫好奶油的法式脆皮面包模，放入发酵箱发酵约 90 分钟。

（4）发酵完成后取出，扫蛋液，芝士刨成丝，撒在面包表面装饰。

（5）入炉，用上火 190℃、下火 200℃ 的炉温烘烤约 14 分钟，面包表面呈金黄色时出炉。

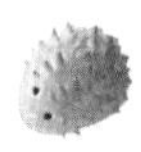

（1）　（2）

（3）　（4）

芝士小餐包的制作

第七章　法式脆皮面包与硬质面包制作技术

第一节　法式脆皮面包

法式脆皮面包，通常做成长棍形，即法式长棍面包，俗称法棍，它是世界上独一无二的法国特产面包。与大多数的软面包不同，法式脆皮面包的外皮很硬，但是内部组织很柔软，好的法式脆皮面包表面有自然形成的裂纹，外皮脆而不碎。法式脆皮面包用料非常简单，是比较健康的一种面包，但是除了法国人外，并不是很多人都喜欢吃，例如在我国销量就很少。法国人吃法棍的方法通常有两种，一是涂上黄油和果酱食用，二是做成三明治。法式脆皮面包看似工艺简单，关键点却比较多，稍有不慎就可能导致失败，因此法式脆皮面包的制作也是对面包师的考验。

法式脆皮面包

法式脆皮面包配方

原料	重量（g）
高筋面粉	1000
酵母	20
改良剂	10
砂糖	20
盐	20
水	600
黄奶油	20

制作过程

工艺流程：面团搅拌→基础发酵→分割→滚圆→松筋→成型→上盘→醒发→装饰→烘烤。

（1）高筋面粉过筛，放入搅拌机，与改良剂、酵母和砂糖先搅拌3分钟（目的是充分拌入空气，使面团更加膨松）。

（2）加入水，慢速搅拌6分钟，至卷起阶段。

（3）加入盐、黄奶油高速搅拌至面筋扩展，温度控制在 25℃～26℃。

（4）基础发酵 30 分钟。

（5）面团分割成若干 350g 的小面团，将它们滚圆、松筋，卷成长棍形，放入模具，入发酵箱发酵。

（6）小面团体积发至 2 倍大时取出，表面喷水，用刀片斜向划几刀，也可以在刀口上挤上奶油，入炉以上火 210℃、下火 200℃ 的炉温烘烤 25 分钟左右。

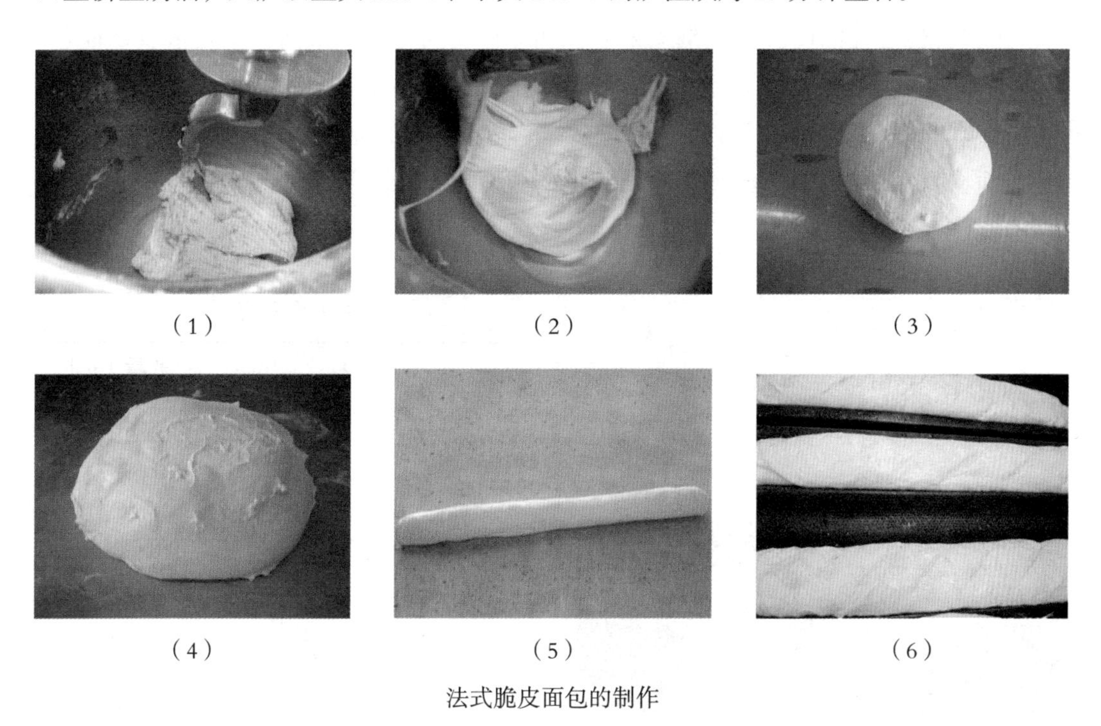

（1）（2）（3）（4）（5）（6）

法式脆皮面包的制作

重点难点分析

（1）搅拌面团时，要注意面团温度，温度要控制在 25℃~26℃。

（2）在面包表面开口时，刀片要锋利，动作要轻，刀口深度应适中。

（3）烤炉最好带有蒸汽发生器，入炉前注入一次蒸汽，烘烤时再注入两次蒸汽。

第二节　罗宋面包与海绵面包

一、罗宋面包

比较有代表性的硬质面包是罗宋面包和菲律宾面包，罗宋面包就是俄罗斯面包，俄罗斯的英语为Russia，洋泾浜英语将其读作“罗宋”，因此在我国南方地区常把俄罗斯面包叫作罗宋面包。罗宋面包味道多样、造型丰富，是俄罗斯人百吃不腻的“主食”，而在我国，罗宋面包通常做成纺锤形的咸面包和橄榄形的硬质甜面包，目前市面上出现最多的是后者。

罗宋面包

罗宋面包配方

原料		重量（g）
种面	高筋面粉	500
	砂糖	50
	酵母	5
	蛋	100
	水	280
主面团	高筋面粉	600
	低筋面粉	300
	奶粉	50
	砂糖	300
	盐	18
	酵母	10
	改良剂	5
	全蛋	100
	水	190
	黄奶油	120

制作过程

工艺流程：面团搅拌→压面→分割→滚圆→松筋→成型→上盘→醒发→装饰→烘烤。

（1）种面部分：所有原料放入搅拌机，搅拌成粗糙的面团，发酵 2 小时，至原体积的 3 倍。

（2）主面团部分：

①先把酵母加到少量温水里，活化。

②水、全蛋、砂糖、种面一起搅拌至砂糖溶解，加入面粉、奶粉、盐、酵母、改良剂搅拌均匀，成粗糙面团，最后加入黄奶油，搅拌均匀。

（3）用压面机压至光滑，面筋充分扩展。

（4）将面团分割成多个 120g 的小面团，将小面团滚圆、松筋、搓成锥形。

（5）小面团擀开，卷成羊角形，上盘，放入发酵箱发酵。

（6）面包体积发酵至原体积的 2 倍大时取出，用刀片在面包中间划开，在刀口处挤上奶油，入炉以上火 175℃、下火 170℃ 的炉温烘烤 20 分钟，烤至表面呈金黄色出炉。

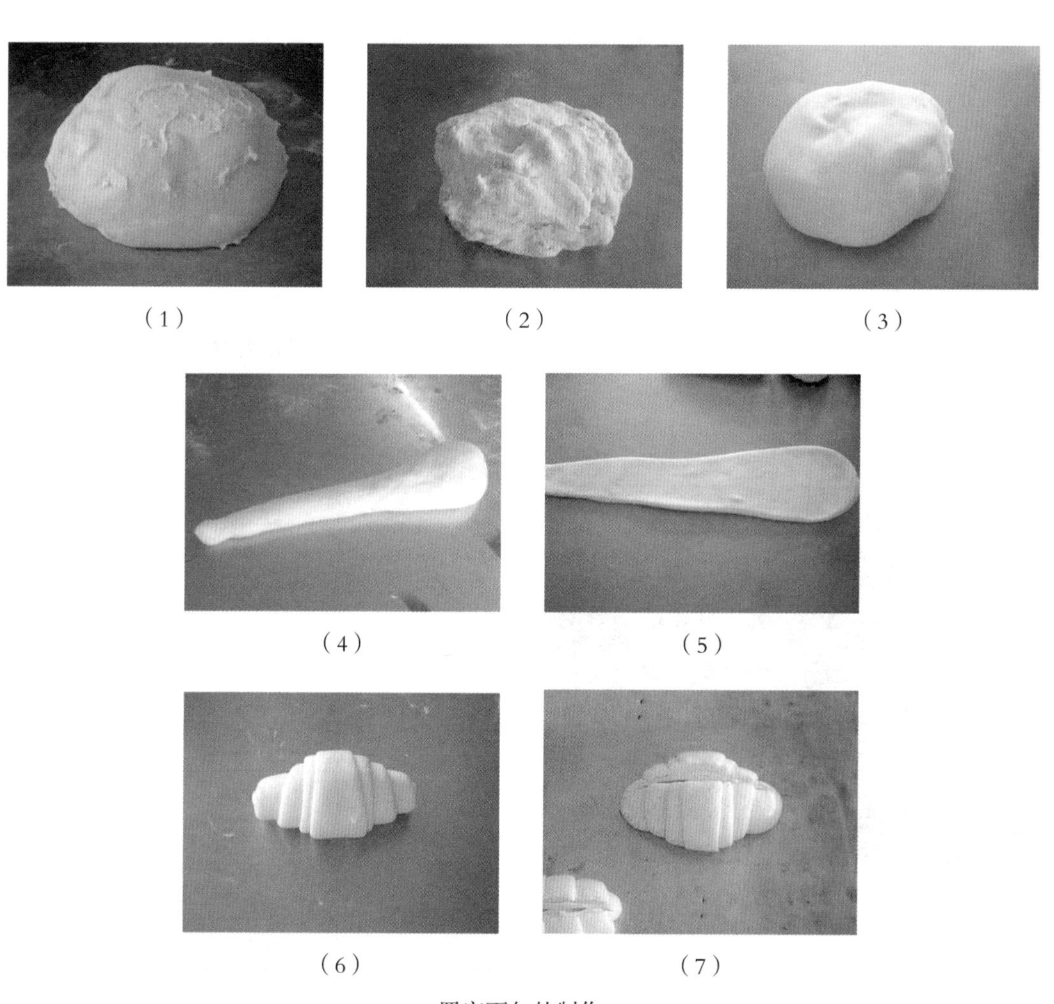

（1） （2） （3）

（4） （5）

（6） （7）

罗宋面包的制作

（1）种面发酵要求充足，这样搅拌后的主面团中酵母繁殖快，面包体积大，组织也会细腻、松软。

（2）在这类压面的硬质面包中，主面团中水分比较少，酵母要先用少量温水活化10分钟以上，如果将酵母直接加入主面团，由于水分少，会影响酵母活性，致使面包发酵速度缓慢。

（3）在面包成型时，搓成的锥形面团应尽量“长”，在擀开时也应尽量拉长，这样面包卷起时层次多，成品向两边分开，自然美观。

二、海绵面包

海绵面包是在罗宋面包的基础上变化而成的，在主面团中加入大量鲜奶油，鲜奶油的乳化效果使面包组织更加细腻，犹如海绵。这种面包常做成长棍形，中间切开，烘烤后表皮松脆，而内部组织却非常柔软。

海绵面包

海绵面包配方

原料		重量（g）
A	高筋面粉	500
	酵母	5
	水	220
	全蛋	100
B	面包粉	500
	改良剂	4
	酵母	5
	细砂糖	200
	鲜奶油	200
	盐	10
	酥油	80

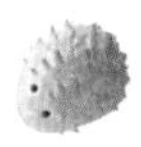

制作过程

工艺流程：面团搅拌→压面→分割→滚圆→松筋→成型→上盘→醒发→装饰→烘烤。

（1）A 部分为种面，所有原料搅拌均匀，发酵至原体积的 3 倍。

（2）B 部分的酵母用少量温水活化备用。

（3）种面发酵完成后，与 B 部分所有原料一起搅拌成粗糙的面团，静置 15 分钟，然后用压面机压至光滑。

（4）面团不需要基础发酵，将面团分割成若干 250g 的小面团，再将小面团滚圆、松筋、擀开，卷成长棍形，放入烤盘。

（5）入发酵箱发酵，体积为原体积的 2.5 倍。

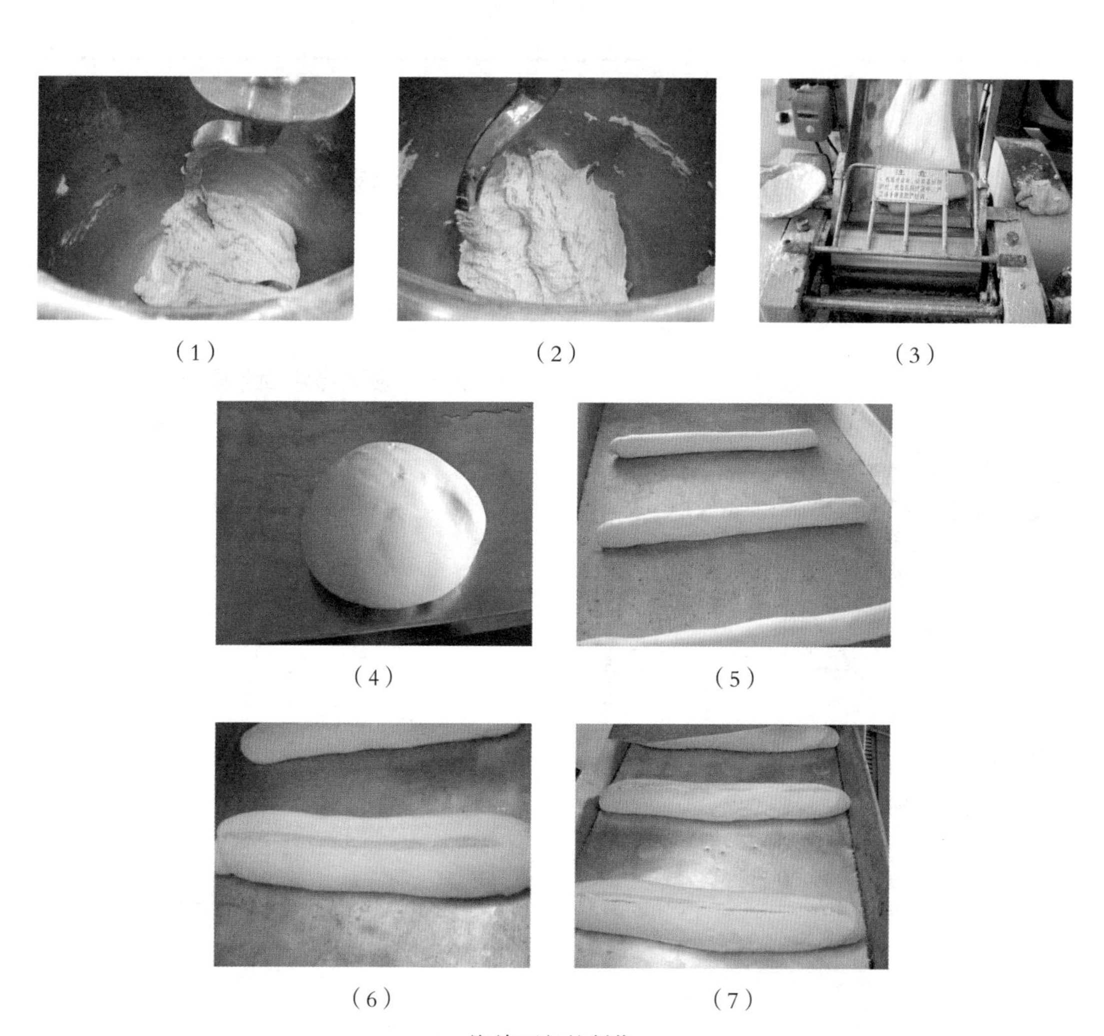

（1）　（2）　（3）　（4）　（5）　（6）　（7）

海绵面包的制作

（6）发酵完成后，在表面扫蛋液，用刀片在中间划开，深度约 1cm，在刀口处挤上黄奶油，入炉以上火 185℃、下火 170℃ 的炉温烤熟。

重点难点分析

（1）海绵面包表皮松脆，内部组织似海绵一样柔软。在制作时，面包面团发酵速度要快，因此先将一部分面粉搅拌成种面，充分发酵，再用压面的方法制作主面团。

（2）在搅拌主面团时，由于面团水分比较少，所以酵母要先用温水活化再加入，否则酵母很难溶解，从而影响发酵。

（3）刀口要直，深度适中，否则外形不美观。

第三节　菠菜微波面包与菲律宾面包

一、菠菜微波面包

菠菜微波面包

菠菜微波面包配方

原料		重量（g）
A	菠菜	200
B	高筋面粉	1000
	糖粉	170
	盐	15
	酵母	15
	改良剂	5
C	牛奶	200
	全蛋	90
D	奶油	90

制作过程

工艺流程：面团搅拌→压面→分割→滚圆→松筋→成型→上盘→醒发→装饰→烘烤。

（1）菠菜切碎，榨汁，备用。

（2）酵母用少量温水活化，然后与 B 部分其他原料一起投入搅拌桶，慢速搅拌 1 分钟，使其充分混合。

（3）加入牛奶、全蛋、奶油、菠菜汁以及榨过汁的菠菜碎末，搅拌成粗糙面团，静置 30 分钟，然后用压面机压至光滑，面筋充分扩展。

（4）面团不需要基础发酵，分割成若干 50g 的小面团，将它们滚圆、松筋、擀开，卷成圆柱形。

（5）烤盘抹上一层奶油，放入发酵箱发酵，发酵至体积为原体积的 2.5 倍。在企业生产中，一般按照横向 6 个、纵向 3 个的数量进行装盘。

（6）发酵完成后，在表面扫蛋液，入炉以上火 170℃、下火 190℃ 的炉温烤熟，时间约 25 分钟。

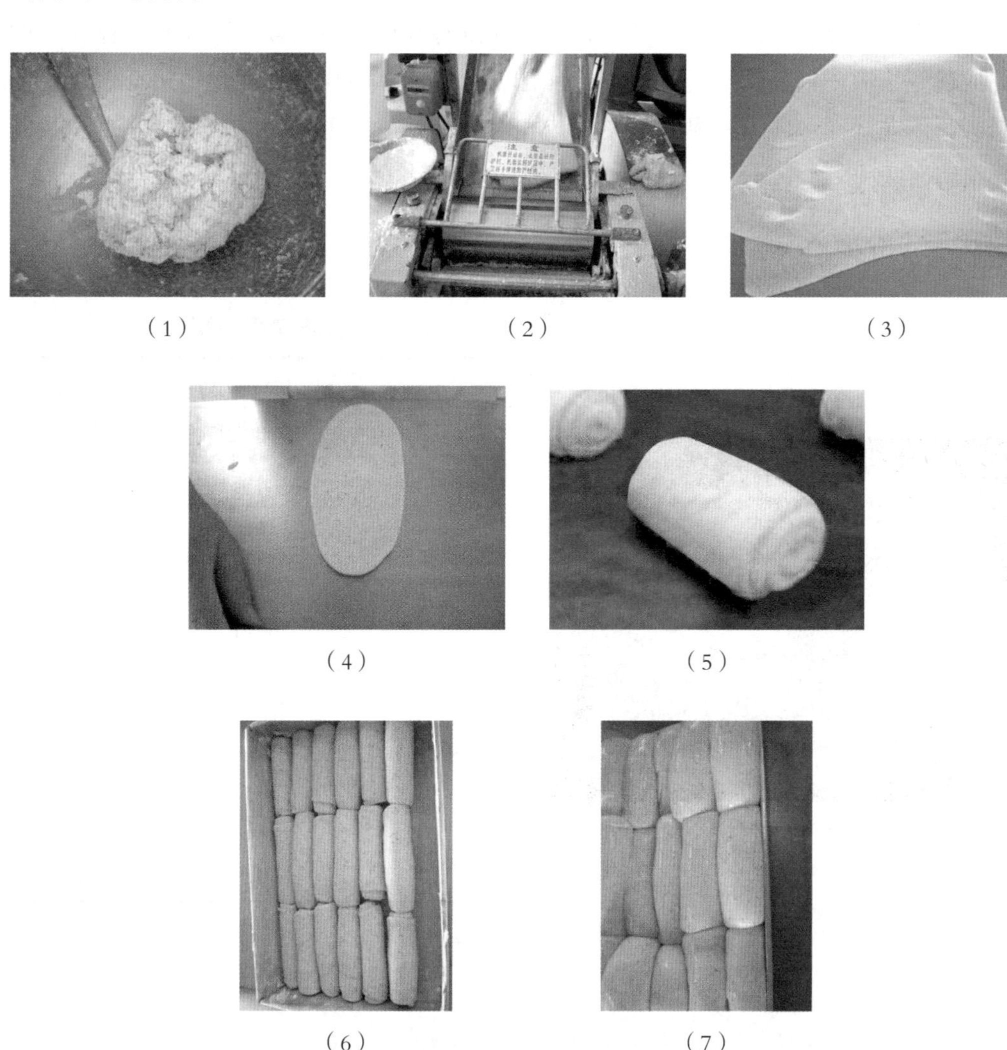
（1）　（2）　（3）
（4）　（5）
（6）　（7）

菠菜微波面包的制作

（1）菠菜榨过汁后才能够加入，不可以切碎直接加入，否则菠菜会渗出水分，影响面包组织。

（2）上盘时，面团放置数量要充足，面包发起后体形才会饱满、组织才会细密。

（3）面包烘烤完成后，不要用刀切割，要用手撕开，两个为一组包装售卖。

二、菲律宾面包

菲律宾面包外表光滑，组织细密，口感却没有其他面包松软。菲律宾面包有三种常见的造型，第一种是馒头形状；第二种是甲虫形状，叫作千叶面包；第三种是龙虾形状，叫作龙虾面包。第一种比较常见，相对简单，后两种工艺相对复杂一点。我们只介绍后面两种。

（一）千叶面包

千叶面包

菲律宾面包配方

原料		重量（g）
A	老面团	600
B	高筋面粉	600
	低筋面包	600
	盐	10
	酵母	20
	改良剂	6
	奶粉	60
C	砂糖	300
	全蛋	400
	水	260

制作过程

工艺流程：面团搅拌→压面→分割→滚圆→松筋→成型→上盘→醒发→装饰→烘烤。

（1）A部分老面团同C部分砂糖、全蛋、水一起搅拌至砂糖溶解。

（2）加入B部分所有原料，一起搅拌成粗糙的面团，静置15分钟。

（3）面团用压面机压至光滑。面团不需要基础发酵，分割成若干150g的小面团，将它们滚圆、松筋。

（4）小面团搓成水滴形，擀开，在表面抹上一层酥片油，卷成羊角形，上盘。

（5）放入发酵箱发酵，体积为原来的2.5倍。

（6）发酵完成后，在表面扫蛋液，用刀片在中间划开，深度约为面包的2/3，入炉以上火175℃、下火170℃的炉温烤熟。

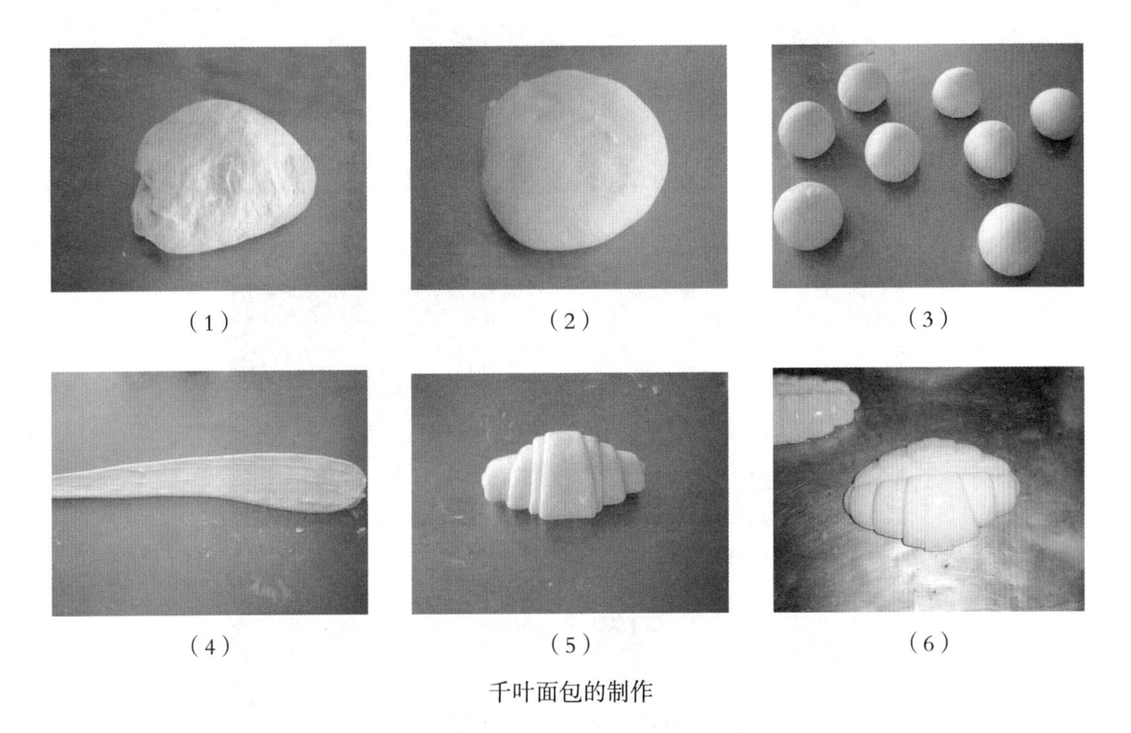

（1）（2）（3）

（4）（5）（6）

千叶面包的制作

（二）龙虾面包

龙虾面包

制作过程

工艺流程：面团搅拌→压面→分割→滚圆→松筋→成型→上盘→醒发→装饰→烘烤。

（1）菲律宾面包面团分割成若干150g的小面包，将它们滚圆、松筋。

（2）小面团擀成长方形，在一端用刀

划开，划好的“流苏”约占面片宽度的 1/3，卷成长棍形。

（3）有刀口的一端作“虾尾”，向一侧弯曲；另一端作“虾头”，擀薄，切成 5 条，每条分别搓长，弯曲成“虾须”。

（4）在头部用竹签扎两个孔，装上黑豆作“眼睛”。

（5）上盘，放入发酵箱发酵，体积为原来的 2 倍。

（6）发酵完成后，在表面扫蛋液，入炉以上火 175℃、下火 170℃ 的炉温烤熟。

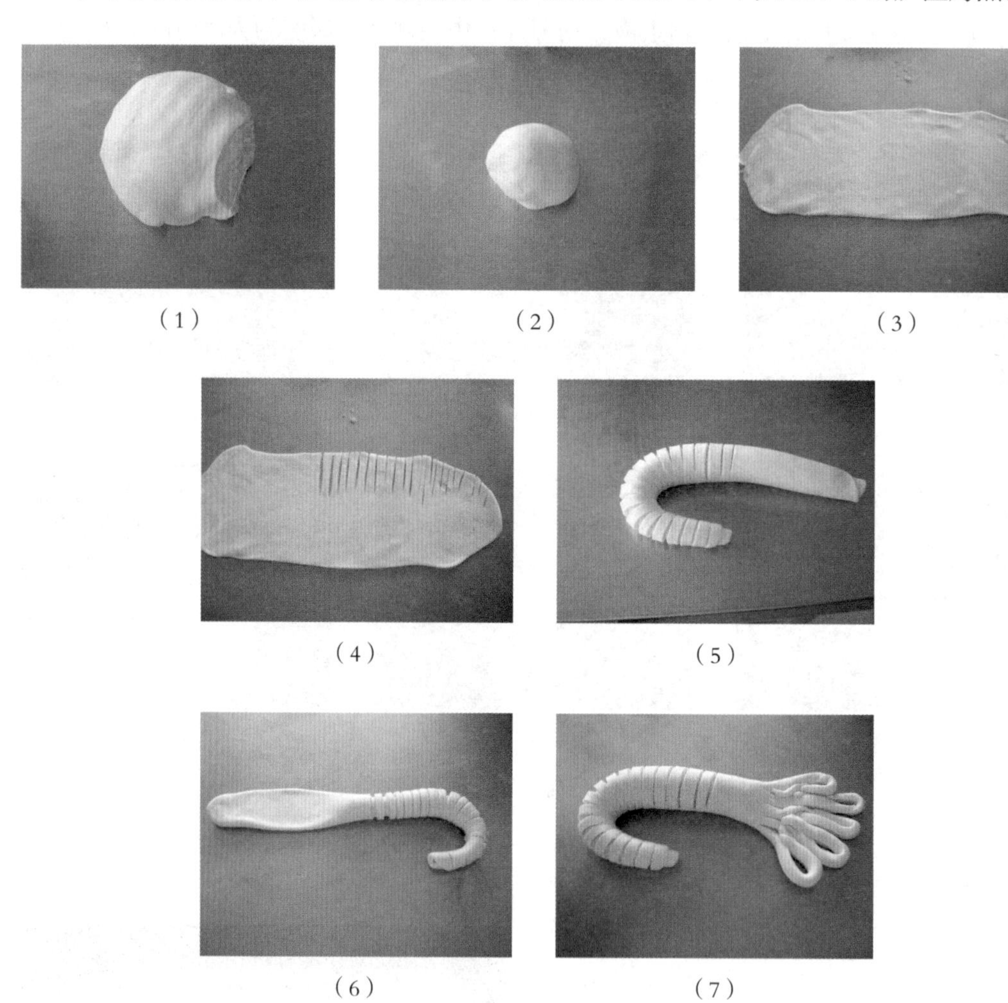

龙虾面包的制作

重点难点分析

（1）菲律宾面包面团酵母含量多，发酵快，所以要注意控制发酵时间。

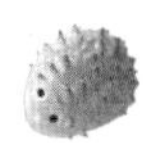

（2）制作千叶面包时，只能抹片状起酥油，不能用其他油脂，否则面包烘烤成熟后分层不好。

（3）制作龙虾面包时可以在中间卷入少量椰蓉馅、红豆馅等，以增加风味。

第四节　动物面包

动物面包常做成卡通形状，造型可爱，备受儿童喜爱。这种面包中含有大量的鸡蛋，口感松软，不掉渣，而且营养丰富。

一、猪仔包

猪仔包

猪仔包面团配方

原料		重量（g）
A	老面团	3750
B	低筋面粉	1125
	高筋面粉	2625
	泡打粉	20
	酵母	37.5
	盐	37.5
C	全蛋	600
	牛奶	300
	细砂糖	750
	黄奶油	450

制作过程

工艺流程：面团搅拌→压面→分割→滚圆→松筋→成型→上盘→醒发→装饰→烘烤。

（1）B 部分酵母加少量温水活化备用。

（2）C 部分所有原料与 A 部分老面团一起搅拌至细砂糖溶解。

（3）加入 B 部分所有原料，搅拌成粗糙的面团，静置 15 分钟，用压面机压至光滑。

（4）面团不需要基础发酵，分割成若干150g的小面团，将它们滚圆、松筋。另取少量面团，擀薄，剪成椭圆形，蘸水后贴在适当的位置，用竹签扎两个小孔，做成“鼻子”。

（5）找出眼睛和耳朵的位置，用竹签扎两个孔。

（6）取少量面团，擀薄，先剪成圆形，再从中间分开，成半圆形，使之弯曲成耳朵形状，用竹签塞入耳朵的位置。

（7）取两粒黑豆，塞入眼睛的位置。

（8）上盘，放入发酵箱发酵，发酵后面团的体积为原体积的2.5倍。

（9）发酵完成后，在表面扫蛋液，入炉以上火170℃、下火180℃的炉温烤熟。

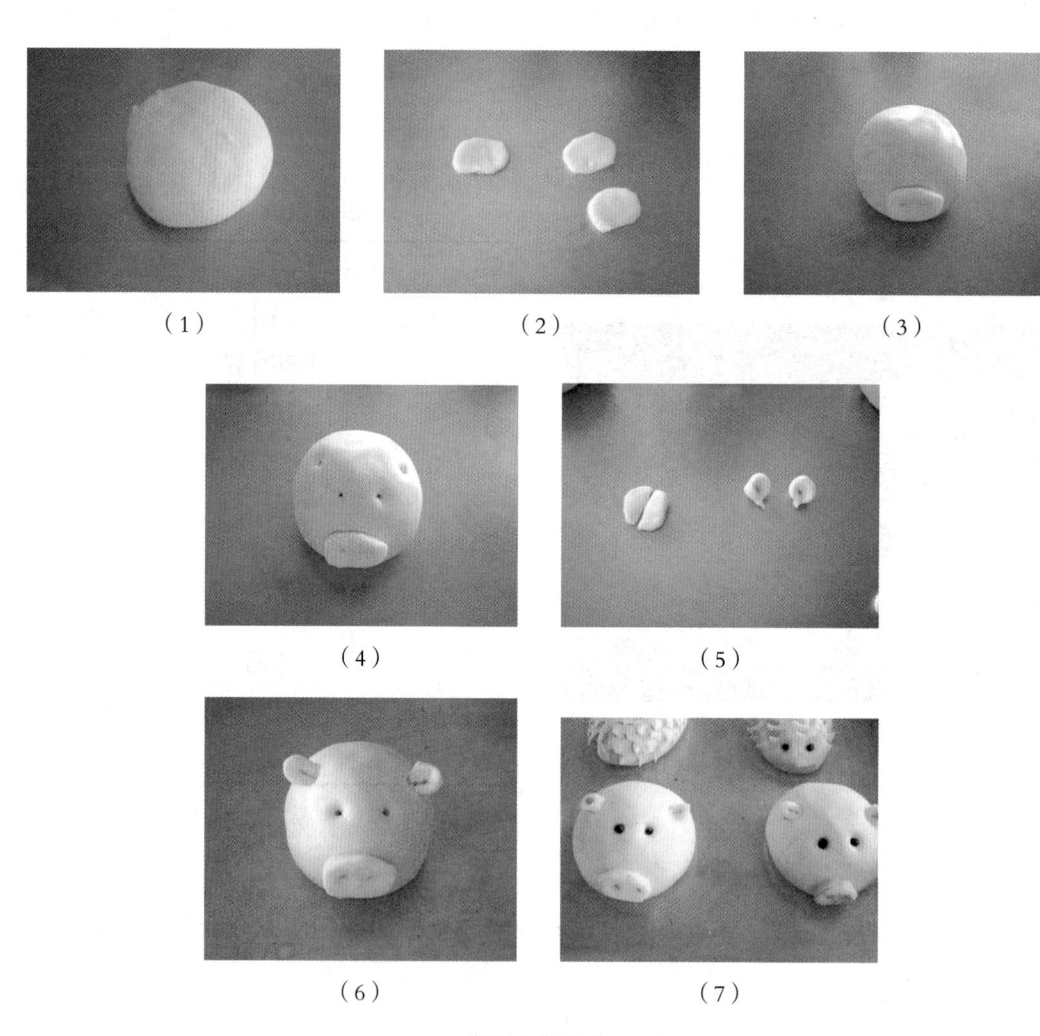

（1） （2） （3）

（4） （5）

（6） （7）

猪仔包的制作

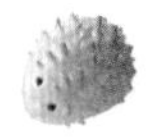

二、小刺猬面包

制作过程

工艺流程：面团搅拌→压面→分割→滚圆→松筋→成型→上盘→醒发→装饰→烘烤。

（1）取猪仔包面团，分割成若干150g的小面团，将小面团滚圆、松筋。

（2）搓成一端大一端小的锥形，用剪刀剪开细的一端，作为嘴巴。

（3）用剪刀斜着在全身剪出“刺”。

（4）用竹签扎出眼孔，装上两粒黑豆，做成眼睛。

小刺猬面包

（5）上盘，放入发酵箱发酵，发酵后面团的体积为原体积的2.5倍。

（6）发酵完成后，在表面扫蛋液，入炉以上火170℃、下火180℃的炉温烤熟。

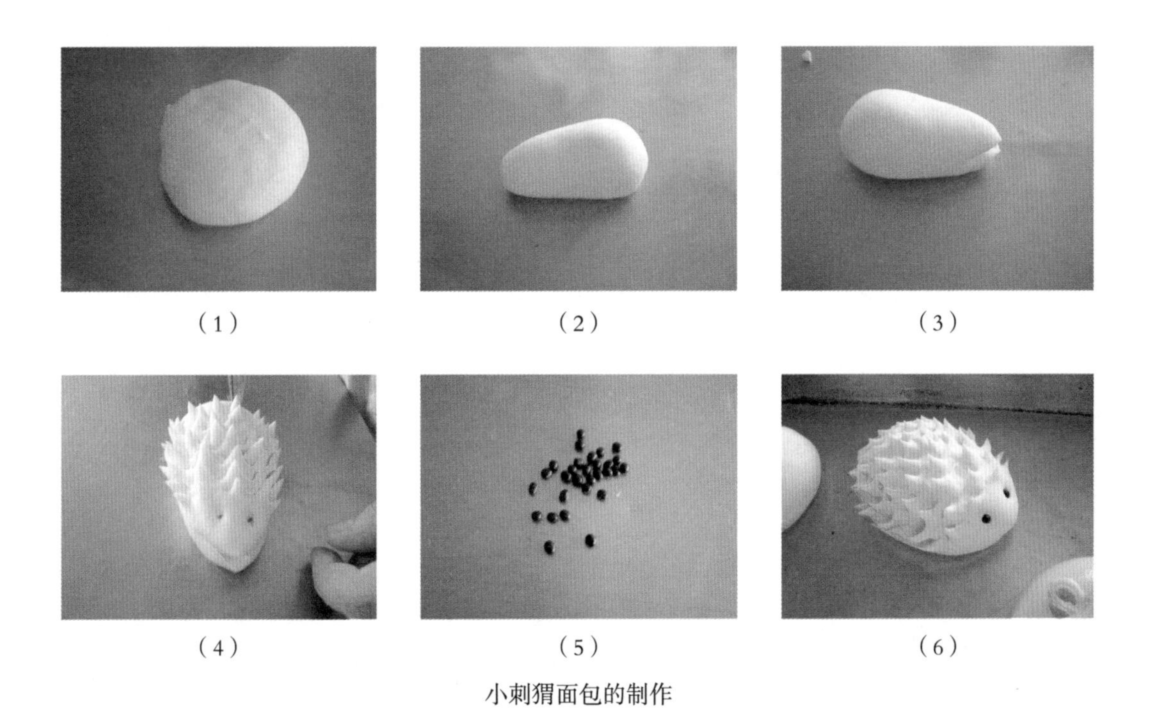

（1）　（2）　（3）

（4）　（5）　（6）

小刺猬面包的制作

重点难点分析

（1）在搅拌面团时，要控制加水量，面团不能软，要稍硬一点。如果面团太软，面团发酵完成后会出现扁平现象，影响产品形状。

（2）在安眼睛时，要用竹签把黑豆压入面团，防止烘烤后脱落。

（3）面团发酵完成后，也可以不扫蛋液，直接放入烤炉烘烤，出炉后立即扫上牛奶，这样面包颜色比较柔和。

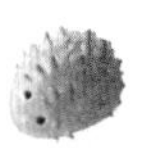

第八章　松质面包与黑面包制作技术

第一节　丹麦面包

在松质面包中，最具有代表性的是丹麦面包，丹麦面包又叫起酥面包，它结合了清酥类点心的制作工艺，把抹了奶油的发酵面团压扁后一层层折叠起来，再经过整型、发酵、烘烤精制而成，丹麦面包具有口感酥松、层次分明、入口即化、奶香浓郁的特点，丹麦面包犹如丹麦童话一样享誉世界，我国人民熟知的丹麦牛角包就是其中的一款。

丹麦面包配方

原料	重量（g）
高筋面粉	800
低筋面粉	200
砂糖	150
全蛋	80
盐	16
酵母	10
改良剂	3
奶粉	40
黄奶油	80
水	550
片状起酥油	600

一、原料的选择

1. 面粉

在制作丹麦面包时，常加入少量低筋面粉，原因是丹麦面包制作中面团压扁后要经过多次反复折叠，要求面团有一定的延展性，如果全部用高筋面粉，则面团弹性大，难以操作。加入少量低筋面粉，则可以很好地改善面团性质。

2. 砂糖

丹麦面包砂糖的用量大多为15%（烘焙百分比）。

3. 盐

丹麦面包盐的用量大多为1%～1.6%（烘焙百分比）。

4. 油脂

丹麦面包所用的油脂可以分为两部分，一部分是在搅拌面团时加入的少量黄奶油，改善面团延展性；另一部分是作油心的片状起酥油，它的用量比较大，为面团重量的1/4～1/3。

二、制作工艺

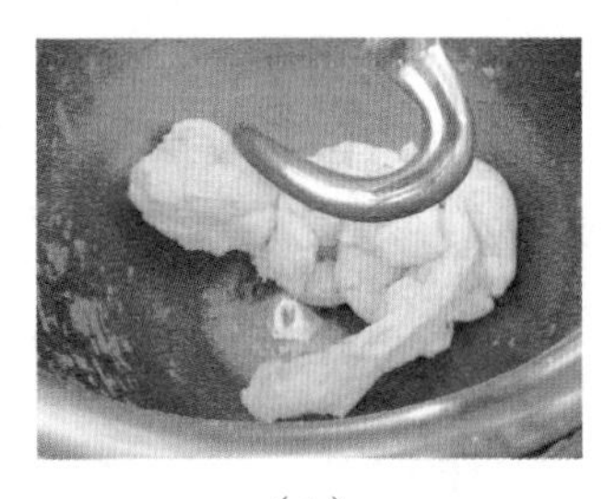

（1）

丹麦面包制作过程比较烦琐，一般经过以下工序：面团调制→冷冻松筋→开酥→成型→装饰→烘烤。其中，最关键的是开酥。

1. 面团调制

丹麦面包面团的调制多采用直接法，将配方中的砂糖、全蛋、水等一起投入搅拌机，搅拌至砂糖溶解，加入面粉、酵母、改良剂、奶粉、盐搅拌至光滑，加入黄奶油搅拌至面筋扩张。

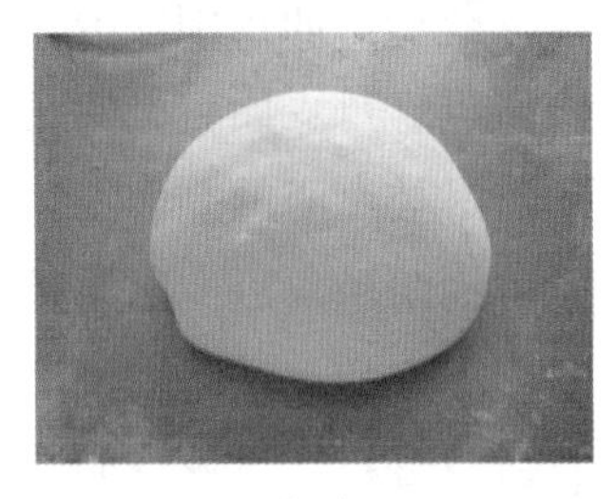

（2）

面团擀薄，成长方形，用保鲜膜覆盖，放入冰箱冷冻，时间约 2 小时。

2. 开酥

（1）将面团用酥棍擀成长方形，要求宽度比片状起酥油的长度稍长 2cm，长度为片状起酥油宽度的 2 倍，把片状起酥油放在面皮正中。

（3）

（2）将片状起酥油右边多出的面皮擀开，长度与片状起酥油的宽度相同，折向中间，包裹住片状起酥油；用同样的方法处理片状起酥油左边的面皮；最后把片状起酥油上下的面皮捏紧，封好口。

（3）包好油心的面坯用酥棍轻轻敲打一遍，目的是把油心打软，使其更具延展性，然后擀成长方形。从一端 1/3 处折向中间，然后把另一端从 1/3 处折向中间，覆盖在前一端上面，即完成三折一次。

（4）

（4）面坯用开酥机压薄至适当厚度，用同样的方法再三折一次，放入冰箱冷冻、松筋 30 分钟以上。

（5）面坯从冰箱中取出，用开酥机压薄至适当厚度，两端向中间对折，再沿中线折叠一次，即完成四折一次，放入冰箱冷冻、松筋 30 分钟以上，整个过程共三折两次、四折一次，即常说的折“3、3、4”。

3. 成型

根据产品要求，将折叠好的面坯用开酥机压成所需要的厚度，然后切成一定的形状，制作出不同的面包品种。

（5）

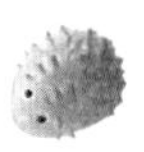

（6）

（7）

4. 醒发

丹麦面包是加入油脂的发酵面坯经过反复折叠而成的，而油脂的熔点都比较低，因此丹麦面包不适合在温度、湿度高的环境下发酵，太高的温度会使油脂融化，从面坯中渗出，影响丹麦面包的层次。醒发温度最好控制在30℃～35℃，相对湿度50%～60%，醒发时间是普通面包醒发时间的2/3。

5. 装饰

丹麦面包在烘烤前都要进行装饰，常用的原料有水果、果酱、火腿等。在装饰时要根据品种的具体要求，选择不同的装饰原料和方法，达到美化制品的目的。

6. 烘烤

丹麦面包含有大量的油脂，比较难成熟，因此烘烤温度比常见的软质面包低，时间稍长。例如，50g重的丹麦牛角包，需要以180℃的炉温，烘烤18分钟左右。

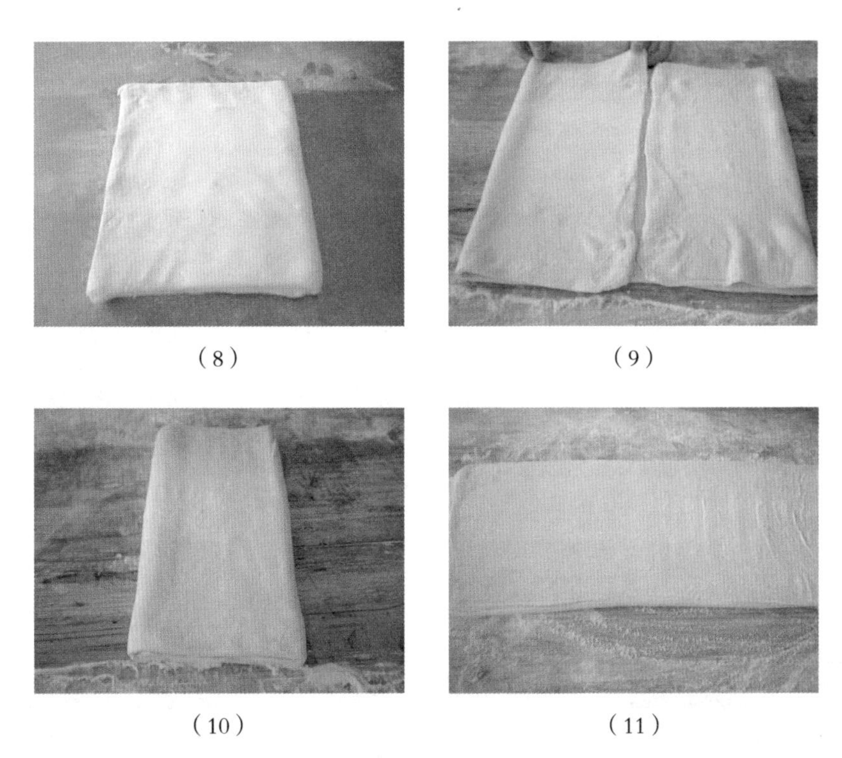

（8）　（9）

（10）　（11）

丹麦面包的制作

第二节 丹麦牛角包

制作过程

工艺流程：面团搅拌→基础发酵→分割→滚圆→松筋→成型→上盘→醒发→装饰→烘烤。

丹麦牛角包

（1）取一块折叠好的丹麦面包面坯，擀成0.5cm厚的面片。

（2）用刀把面片切成宽14cm的长方形，再把长方形面片切成底边为12cm、高为14cm的等腰三角形。

（3）用手搓起底边，由下而上卷起，两端搓长，向内窝起，成牛角状，并在尖端接口处涂抹少许蛋液，粘牢。

（4）上盘，放入发酵箱发酵，面坯发酵后的体积为原体积的2.5倍。

（5）发酵完成后，在表面扫蛋液，入炉以上火180℃、下火170℃的温度烤熟，时间为15～17分钟。

（1）（2）（3）（4）（5）（6）

丹麦牛角包的制作

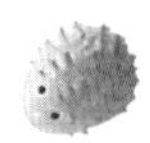

重点难点分析

（1）在切割面片时，要求刀口锋利，用直尺测量长度，确保准确无误，这是因为丹麦面包面坯是以“尺寸确定重量”，如有偏差会造成制品大小不均匀现象。

（2）在卷起时，只能搓面坯的两端，不能搓中间，以免破坏面包一层层的酥松效果。

（3）面包坯在放盘时，要求接口向下，避免爆开。

第三节 蓝莓丹麦面包

制作过程

工艺流程：面团调制→冷冻松筋→开酥→成型→装饰→醒发→烘烤。

蓝莓丹麦面包

（1）取一块折叠好的丹麦面包面坯，擀成0.5cm厚的面片。

（2）用刀切成边长为12cm的正方形，再把正方形面片对角折叠，用刀在三角形的两边距离边缘1cm处切开，顶端不能切断。

（3）展开面片，在面片上涂抹少许清水，把切开部分交叉叠放在中间的菱形面片上，粘牢。

（4）上盘，放入发酵箱发酵，发酵后的体积为原体积的2.5倍。

（5）发酵完成后，在表面扫蛋液，在中间凹陷处挤上适量果酱，入炉以上火180℃、下火170℃的炉温烤熟，时间为15～17分钟。

(1) (2) (3)
(4) (5) (6)

蓝莓丹麦面包的制作

重点难点分析

（1）三角形的顶端不能切断，但是也不能预留太多，如果预留部分太多，切开部分太少，会很难展开、交叉叠放。

（2）果馅要适量，不能太多，否则中间会向下凹陷，制品不饱满；也有部分面包师在面包烘烤成熟后再加果馅，这样也是可以的。

第四节　丹麦卷

丹麦卷

制作过程

工艺流程：面团调制→冷冻松筋→开酥→成型→装饰→醒发→烘烤。

（1）取一块折叠好的丹麦面包面坯，擀成0.5cm厚的面片。

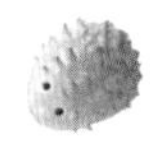

（2）用刀切成底边长为 40cm、高为 3cm 的直角三角形。

（3）在面片表面涂抹上果酱，从底部卷起，成锥形，接口要粘牢。

（4）上盘，放入发酵箱发酵，发酵后的体积为原体积的 2.5 倍。

（5）发酵完成后，在表面扫蛋液，入炉以上火 180℃、下火 170℃ 的炉温烤熟，时间为 15～17 分钟。

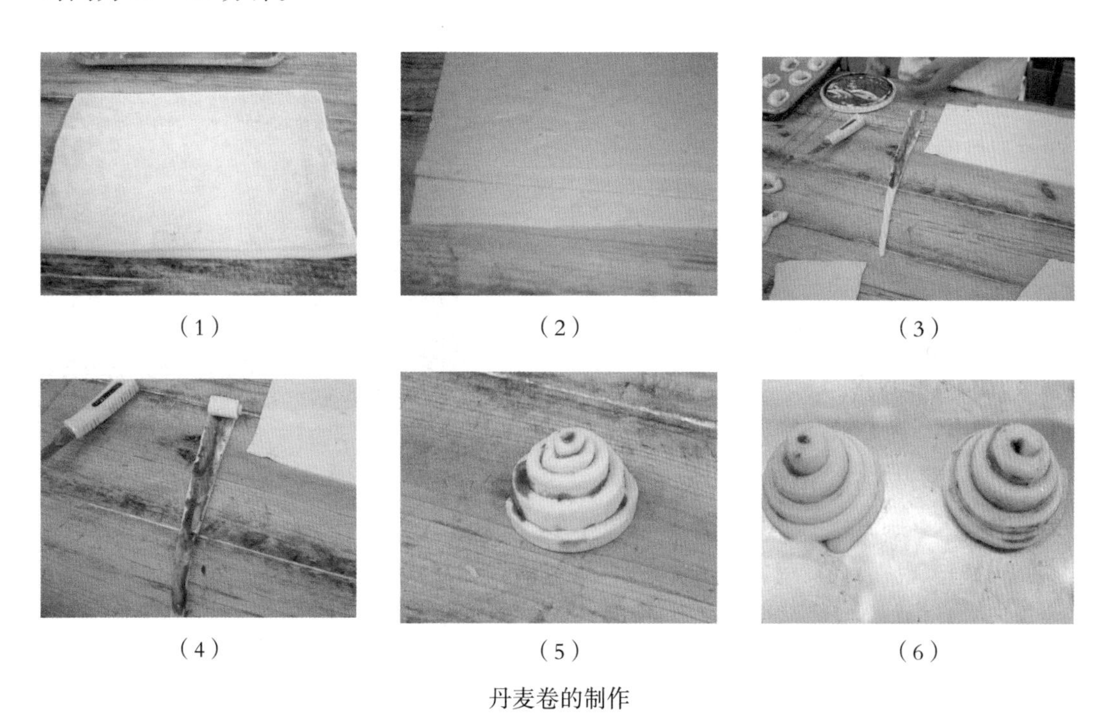

（1）　（2）　（3）

（4）　（5）　（6）

丹麦卷的制作

重点难点分析

（1）面片卷起时，不要卷太紧，如果太紧，面包坯发酵后中间部分会“爆出来”，成为次品。

（2）也可以不涂抹果酱，用其他馅料制作出不同风味的产品，如涂抹蛋液、撒上葡萄干等。

第五节　丹麦风车面包

制作过程

丹麦风车面包

工艺流程：面团调制→冷冻松筋→开酥→成型→装饰→醒发→烘烤。

（1）取一块折叠好的丹麦面包面坯，擀成0.5cm厚的面片。

（2）用刀切成边长为12cm的正方形，再把正方形面片对角折叠成三角形，用刀在三角形顶端、距离底边1cm处切开；用同样的方法切开另外2个对角，成4个等腰三角形。

（3）展开面片，把每个三角形的一个角依次向中间折叠，并涂抹蛋液粘牢，成风车形。

（4）上盘，放入发酵箱发酵，发酵后的体积为原体积的2.5倍。

（5）发酵完成后，在表面扫蛋液，中间挤少许果酱，入炉以上火180℃、下火170℃的温度烤熟，时间为15～17分钟。

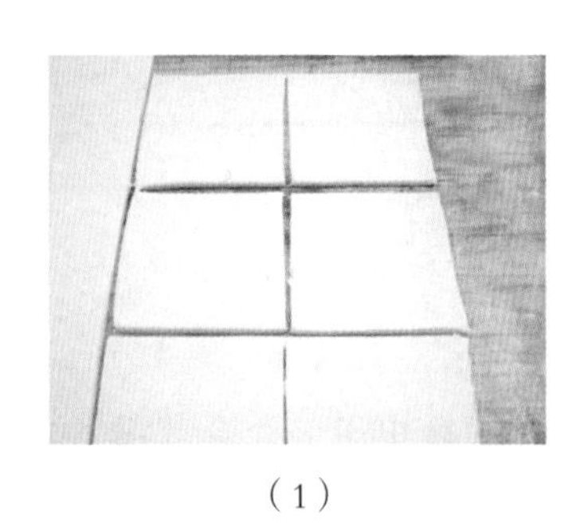
（1）

（2）

（3）

（4）

（5）

（6）

（7）

丹麦风车面包的制作

第六节　丹麦辫子面包

制作过程

工艺流程：面团调制→冷冻松筋→开酥→成型→装饰→醒发→烘烤。

（1）取一块折叠好的丹麦面包面坯，擀成2.5cm厚的面饼。

（2）用刀切成0.5cm厚的薄片，每3片为一组，并且不要切断，保持顶部相连。

（3）展开面片，编成三股辫子形状，底部收紧，避免爆开。

丹麦辫子面包

（4）上盘，放入发酵箱发酵，发酵后的体积为原体积的2.5倍。

（5）发酵完成后，在表面扫蛋液，放上杏仁片装饰，入炉以上火180℃、下火170℃的炉温烤熟，时间为15～17分钟。

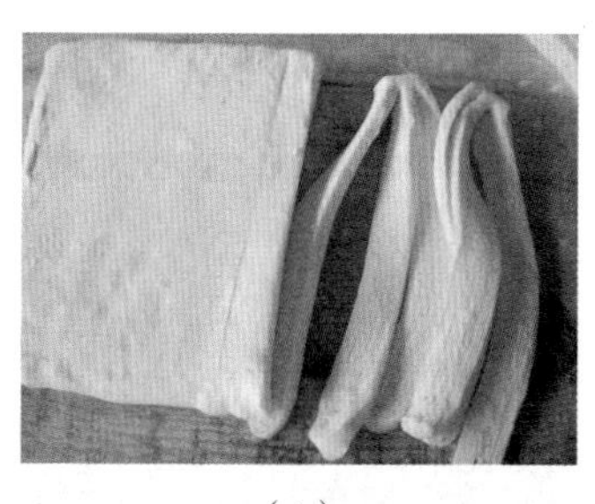
（1）

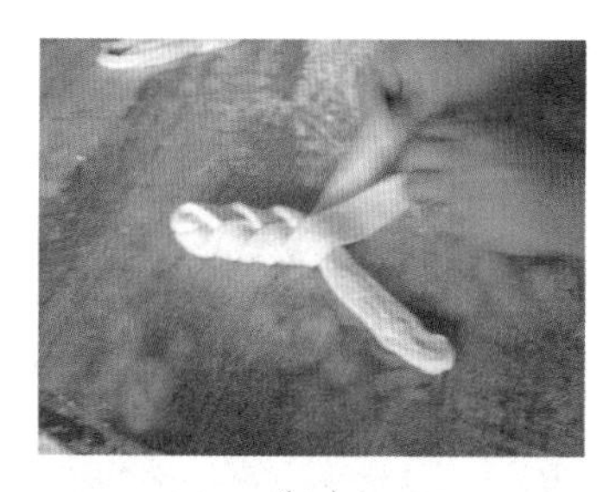
（2）

（3）

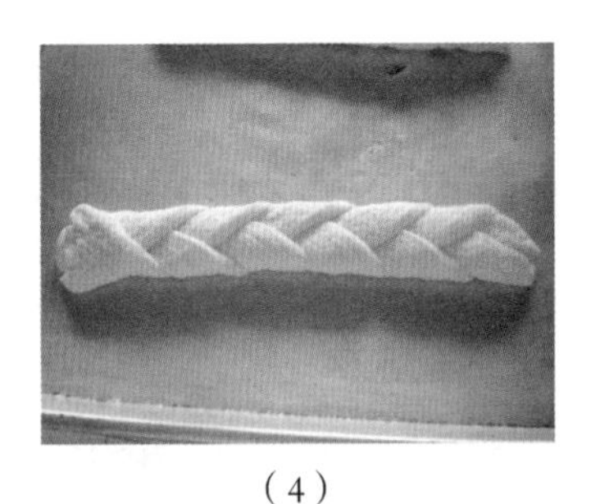
（4）

（5）

丹麦辫子面包的制作

第七节 丹麦吐司面包

制作过程

丹麦吐司面包

工艺流程：面团调制→冷冻松筋→开酥→成型→装饰→醒发→烘烤。

（1）取一块折叠好的丹麦面包面坯，擀成2.5cm厚的面饼。

（2）用刀切成0.5cm厚的薄片，每3片为一组，并且不要切断，顶部相连；称重量，每一组200g，如果重量不足，可以用边角料补充；如果重量超过200g，切去尾部即可。

（3）展开面片，编成三股辫子形状，要求底部收紧；最后把两端向中间折叠，翻转，把接口压在下面，其间如果有补充的边角料，可以夹在中间。

（4）吐司模扫油、装模，放入发酵箱发酵，发酵后的体积为原体积的2.5倍。

（5）发酵完成后，在表面扫蛋液，入炉以上火170℃、下火180℃的炉温烤熟，时间为25～30分钟。

（1）

（2）

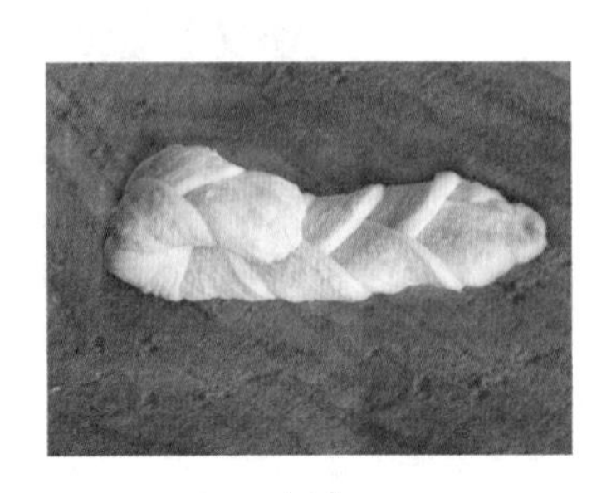
（3）

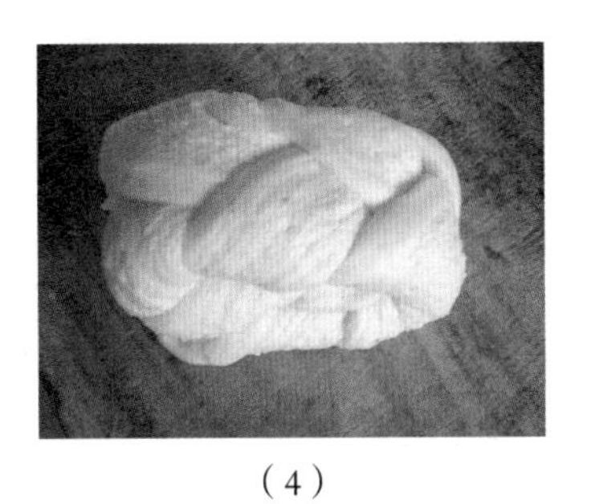

（4）

（5）

（6）

丹麦吐司面包的制作

重点难点分析

（1）制作丹麦面包时，会出现大量的边角料，如果不加以利用，会浪费，而制作丹麦吐司面包正好可以解决这一问题。因此，在制作丹麦吐司面包时，很多面包师经常故意把面坯切小，加入部分边角料，达到综合利用原料的目的。

（2）丹麦吐司面包烘烤时间要比普通切片吐司面包长，并且出炉后要立即脱模，否则会收缩变形。

第八节　丹麦片状面包

制作过程

工艺流程：面团调制→冷冻松筋→开酥→成型→装饰→醒发→烘烤。

丹麦片状面包

（1）取一块折叠好的丹麦面包面坯，擀成2cm厚的面片。

（2）面片平均分成两块，在其中一块表面扫上一层蛋液，再放上另一块，叠成4cm厚的面片。

（3）用刀切成边长为5cm的正方形，竖着放入模具。

（4）放入发酵箱发酵，发酵后的体积为原体积的2.5倍。

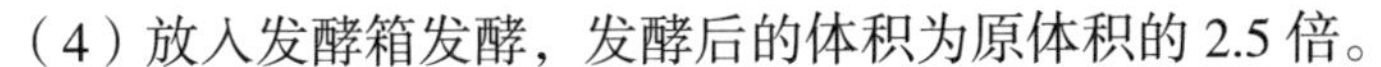

（5）发酵完成后，在表面扫上蛋液，入炉以上火180℃、下火170℃的炉温烤熟，时间约15分钟。

（1）

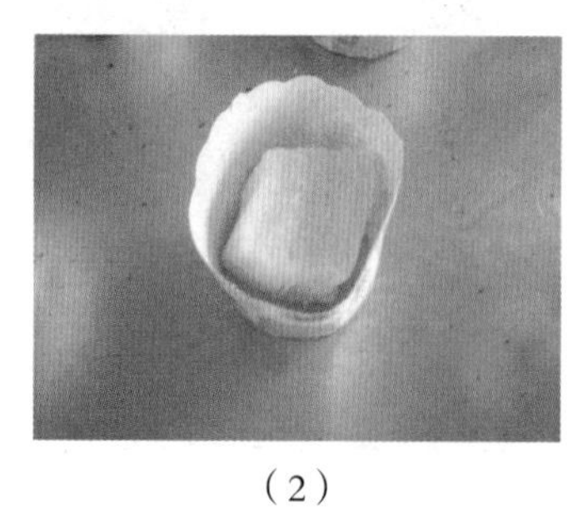
（2）

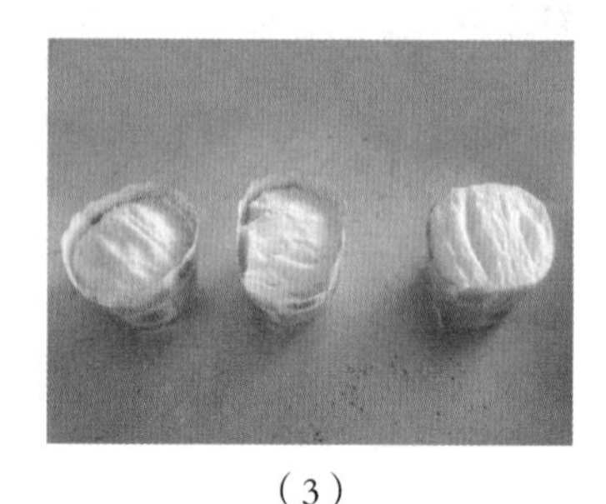
（3）

丹麦片状面包的制作

重点难点分析

（1）这是一款非常传统的丹麦面包，西方的面包师通常使用小型的圆柱模具制作这款面包，模具大小与高温纸杯相差不大。产品成熟后，下部呈圆形，上部散开，像鸡冠花一样，非常好看。

（2）另一种做法是：面片叠好后，切成0.3cm厚的薄片，卷成球，放入圆球蛋糕模，发酵，烘烤，产品形似“绣球”。

第九节　全麦面包及其变化品种

全麦面包是一种用没有去掉麸皮和麦胚的全麦面粉制作的面包，其颜色呈红褐色，质地比较粗糙，但是有浓郁的麦香味。全麦面包含有丰富的纤维素、维生素E以及锌、钾等矿物质，特别适合老年人食用。

全麦面包一般含糖量比较低，口味比较淡，并且口感粗糙，在国内并不太受欢迎，因此各西点生产企业都是以健康为卖点，有时在全麦面包里加入葡萄干、松仁等，来提升其的营养价值和风味。

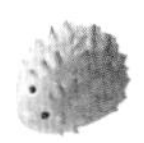

一、全麦吐司

全麦吐司

全麦吐司配方

原料		重量（g）
A	高筋面粉	1000
	全麦面粉	200
	细砂糖	180
	盐	12
	酵母	10
	改良剂	4
	奶粉	50
B	全蛋	100
	水	500
C	奶油	100

制作过程

工艺流程：面团搅拌→基础发酵→分割→滚圆→松筋→成型→上盘→醒发→装饰→烘烤。

（1）面团搅拌（直接法）：

① A 部分原料混合均匀，加入 B 部分的全蛋、水搅拌成光滑面团。

②加入 C 部分的奶油，搅拌至面筋完全扩张。

（2）面团基础发酵 30 分钟，分割成若干 450g 的小面团，将小面团滚圆、松筋。

（3）小面团擀薄，卷成长条，长约 16cm；吐司模扫油，面坯接口向下放入吐司模。

（4）放入发酵箱发酵，当面坯体积膨胀至吐司模的九分满时取出，表面扫蛋液装饰。

（5）入炉，用上火 160℃、下火 190℃ 的炉温烘烤约 16 分钟，出炉冷却。

（1）

（2）

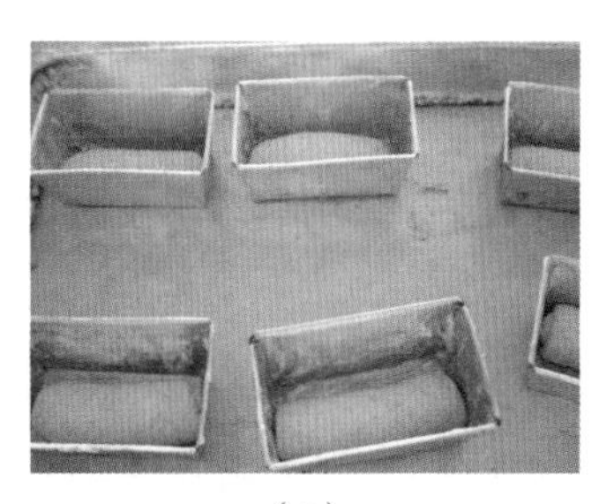

（3）

全麦吐司的制作

二、农夫面包

农夫面包

农夫面包配方

原料		重量（g）
A	高筋面粉	1000
	全麦面粉	200
	红糖	100
	盐	16
	酵母	10
	改良剂	4
	奶粉	50
B	水	600
C	奶油	100
D	核桃仁	150
	葡萄干	100

制作过程

工艺流程：面团搅拌→基础发酵→分割→滚圆→松筋→成型→上盘→醒发→装饰→烘烤。

（1）面团搅拌（直接法）：

① A 部分原料混合均匀，加入 B 部分的水搅拌成光滑面团。

②加入奶油、葡萄干、核桃仁搅拌均匀。

（2）面团基础发酵 30 分钟，完成后分割成若干 120g 的小面团，将其滚圆、松筋。

（3）小面团压薄，卷成橄榄形，上盘，放入发酵箱发酵约 90 分钟。

（4）发酵完成后取出，用刀片在面包坯表面划出花纹装饰，如树叶花纹、木瓜花纹等。

（5）入炉，以上火 190℃、下火 170℃ 的炉温烘烤约 16 分钟，出炉。

（1）

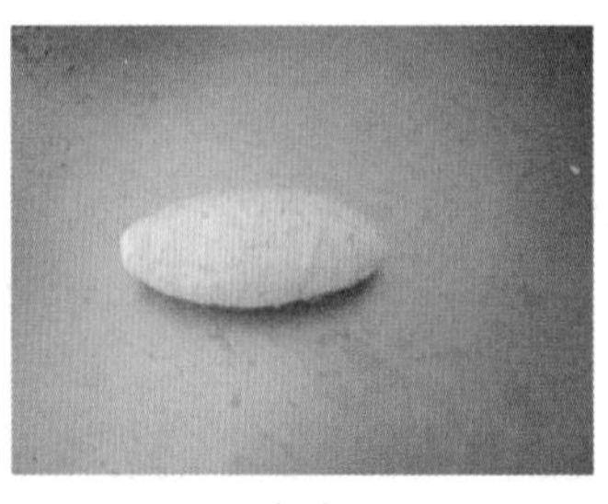

（2）

（3）

农夫面包的制作

第十节　黑面包及其变化品种

一、杂粮小餐包

杂粮小餐包

黑面包配方

原料		重量（g）
A	高筋面粉	1000
	全麦面粉	200
	细砂糖	180
	可可粉	50
	盐	12
	酵母	10
	改良剂	4
	奶粉	50
B	全蛋	100
	水	500
C	奶油	100
D	葡萄干	150

制作过程

工艺流程：面团搅拌→基础发酵→分割→滚圆→松筋→成型→上盘→醒发→装饰→烘烤。

（1）面团搅拌（直接法）：

① A 部分原料混合均匀，加入 B 部分的全蛋、水，搅拌成光滑面团。

②加入 C 部分的奶油，搅拌至面筋完全扩张。

③最后加入葡萄干（D 部分），慢速搅拌均匀。

（2）面团基础发酵 30 分钟，完成后将面团分割成若干 35g 的小面团，将小面团滚圆、松筋。

（3）小面团反复搓成球，表面粘上果仁，放入法式面包模。

（4）放入发酵箱发酵约 90 分钟，发酵完成后取出，入炉，以上火 190℃、下火 200℃ 的炉温烘烤约 12 分钟，出炉。

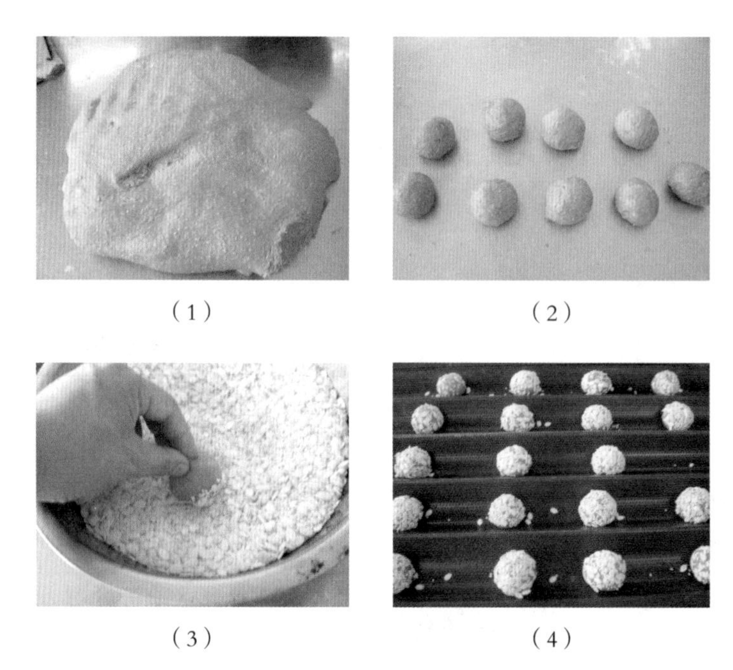

（1）（2）

（3）（4）

杂粮小餐包的制作

重点难点分析

（1）葡萄干最好先用清水冲洗一下，然后加入少许白兰地酒浸泡，风味更佳。

（2）面包表面的装饰果仁可选用白芝麻、西瓜子、葵花籽等，混合均匀即可。

（3）部分面包师在制作此类面包时，会加入50g焦糖液，用来增加制品色泽和风味。

二、花式黑面包

制作过程

花式黑面包

工艺流程：面团搅拌→基础发酵→分割→滚圆→松筋→成型→上盘→醒发→装饰→烘烤。

（1）取黑面包面团一块，基础发酵30分钟。

（2）面团分割成若干150g的小面团，将小

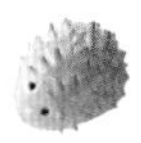

面团滚圆、松筋；取一块戚风蛋糕，切成宽 14cm、长 20cm 的长方形备用。

（3）小面团擀薄成宽 14cm、长 26cm 的长方形，放上蛋糕片，卷成长条，在表面粘上果仁。

（4）放入发酵箱，发酵至原体积的 2.5 倍。

（5）入炉，以上火 170℃、下火 170℃ 的炉温烘烤约 20 分钟。冷却后从中间切开，一分为二。

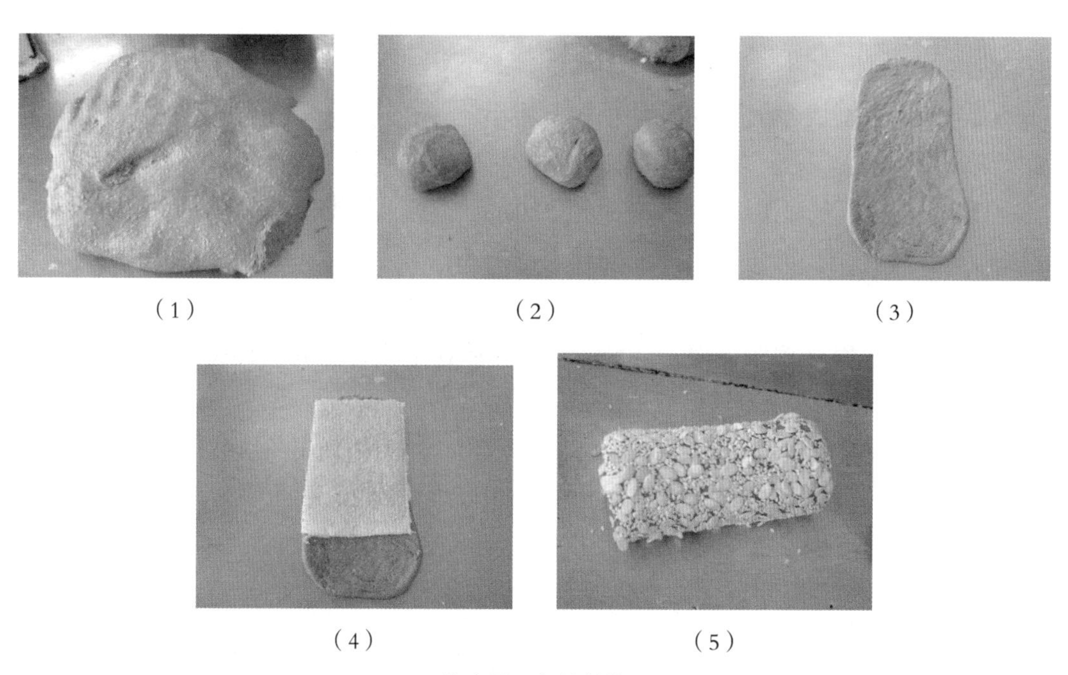

（1）　（2）　（3）

（4）　（5）

花式黑面包的制作

重点难点分析

（1）面团擀开后的宽度同蛋糕片的宽度相同，长度要比蛋糕片长，以便收紧口。

（2）面包重量比较大，需要低温长时间烘烤，“外焦内生”是出现最多的问题。

三、双色面包

制作过程

双色面包

工艺流程：面团搅拌→基础发酵→分割→滚圆→松筋→成型→上盘→醒发→装饰→烘烤。

（1）取黑面包面团和全麦面包面团各一块，基础发酵30分钟。

（2）面团分割成若干150g的小面团，将小面团滚圆、松筋。

（3）先把黑面包面团擀成宽25cm、长20cm的长方形，再把全麦面包面团擀成同样大小的长方形。

（4）黑面包面片放在上面，全麦面包面片放在下面，卷起，再搓成38cm长的长棍，装盘。

（5）放入发酵箱发酵至原体积的2.5倍，取出，用刀片划出条纹装饰。

（6）入炉，以上火170℃、下火170℃的炉温烘烤约20分钟，冷却后切成小段。

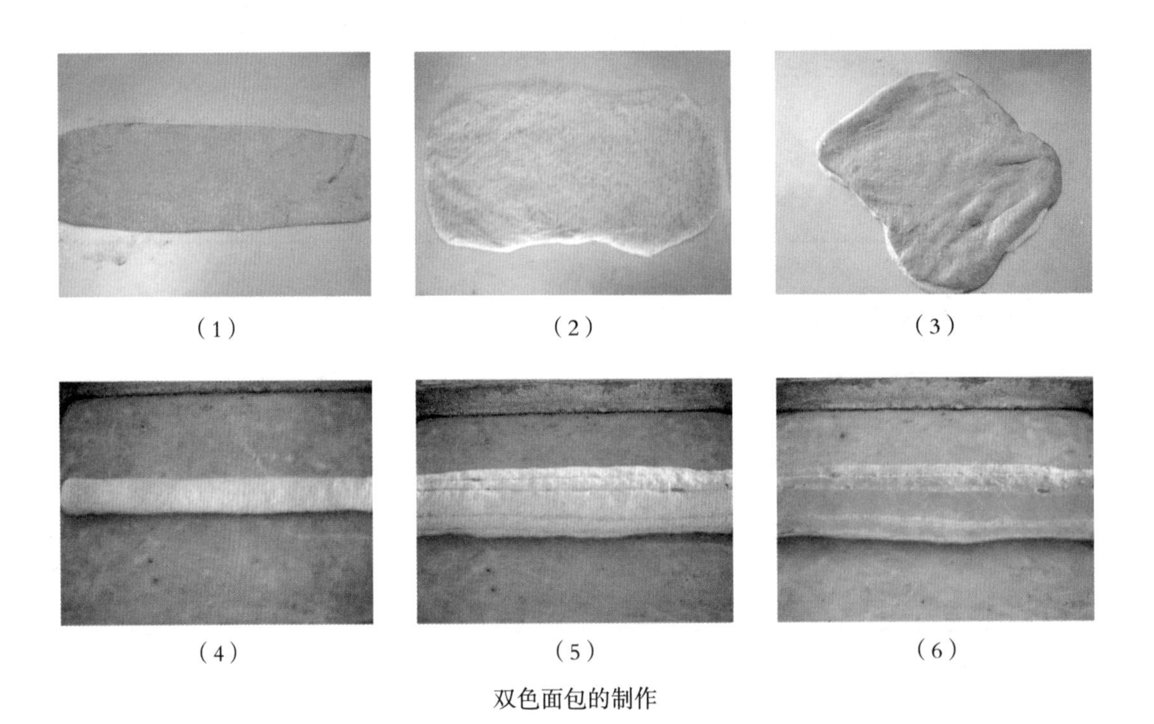
（1）（2）（3）（4）（5）（6）

双色面包的制作

第九章　新派面包制作技术

第一节　丹麦华尔兹

目前市面上出现许多外面裹有一层金黄色酥皮的面包，它们层次分明，酥脆可口。这类面包其实是把丹麦面包和软质甜面包结合起来的产品，既保留了丹麦面包酥松、多层的特点，又吸取了软质甜面包工艺简单、操作方便的特点。

一、福满堡

制作过程

福满堡

工艺流程：制作丹麦面包面团→分割→成型→制作甜面包面团→分割→滚圆→松筋→成型→装饰→上盘→醒发→烘烤。

（1）取一块折叠好的丹麦面包团，擀成0.5cm厚的面片，表面扫上清水，卷成圆柱，直径约11cm，放入冰箱冻硬。

（2）取甜吐司面包面团一块，分割成若干60g的小面团，将小面团滚圆、松筋。

（3）甜吐司面团反复搓成圆球形，均匀地放入盘中，取出冻硬的丹麦面包面坯，用刀切成0.2～0.3cm厚的薄片，盖在甜面团上面。

（4）取一张长25～28cm、宽10cm的硬纸，将面坯围起来，成圆柱纸杯（市场上有专用的围边纸出售），放入发酵箱发酵。

（1）

（2）

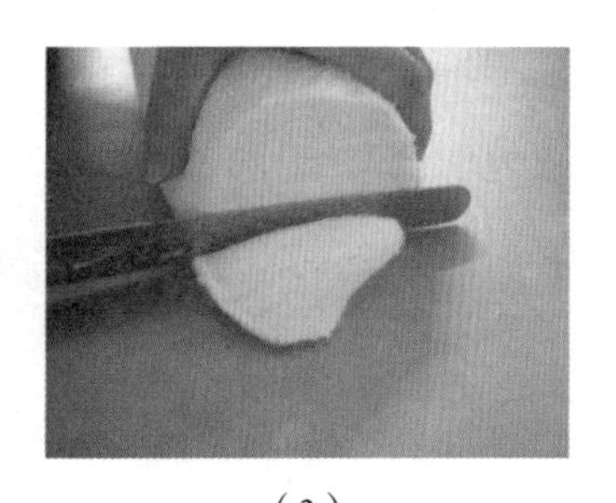

（3）

（4）

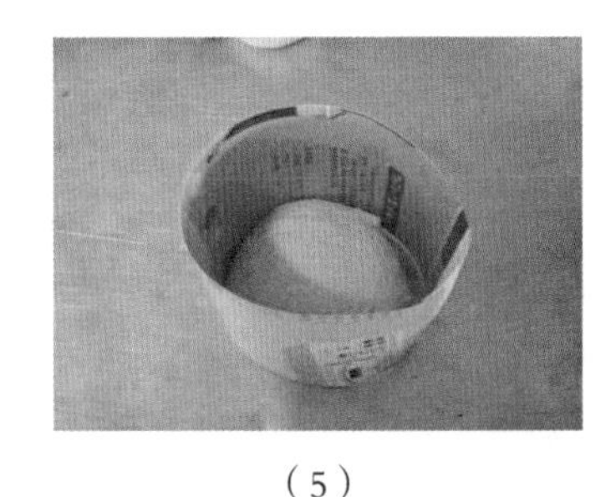

（5）

福满堡的制作

（5）面团发酵至体积为圆柱纸杯的85%左右时取出，在上面压一个烤盘，入炉以上火210℃、下火180℃的炉温烤熟，时间约14分钟。

二、丹麦酥皮面包

制作过程

丹麦酥皮面包

工艺流程：制作丹麦面包面团→分割→成型→制作甜吐司面包面团→分割→滚圆→松筋→成型→装饰→上盘→醒发→烘烤。

（1）取一块折叠好的丹麦面包面坯，擀成0.5cm厚的面片，表面扫上清水，卷成圆柱，直径约11cm，放入冰箱冻硬。

（2）取甜吐司面包面团一块，分割成若干60g的小面团，将小面团滚圆、松筋。

（3）甜吐司面包面团压薄，包入20g红豆馅，卷成橄榄形，均匀放入盘中，取出冻硬的丹麦面包面坯，用刀切成0.2～0.3cm厚的薄片，盖在甜面包面团上面，放入发酵箱发酵。

（4）面团发酵至原体积的2.5倍时取出，在表面扫上蛋液，入炉以上火190°C、下火170°C的炉温烤熟，时间约12分钟。

（1）

（2）

（3）

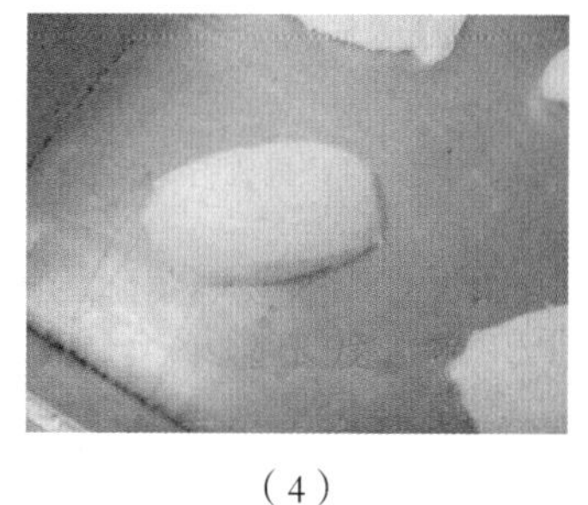

（4）

丹麦酥皮面包的制作

重点难点分析

（1）丹麦面包面坯卷起时，直径要控制在11cm以上，这是因为丹麦面包面坯在发酵过程中，体积横向增加不大，也没有甜面包面团发酵速度快，如果直径不够大，表层的丹麦面包面坯会“爆裂”或者被“顶起”，不能完全包裹住甜面包面团。

（2）发酵过程中，像丹麦面包一样，适当调低发酵箱的温度和湿度。

第二节　木材面包和黄金面包条

一、木材面包

木材面包

木材面包配方

原料		重量（g）
A	酵母	8
B	甜面包面团	1100
	牛奶	110
	全蛋	100
	砂糖	160
	盐	8
C	改良剂	3
	奶粉	90
	高筋面粉	750
D	奶油	130

制作过程

工艺流程：面团搅拌→分割→滚圆→松筋→成型→上盘→醒发→装饰→烘烤。

（1）酵母加少许水活化备用。

（2）B 部分原料加入搅拌桶，中速搅拌至砂糖溶解。

（3）加入 C 部分原料，先慢速搅拌至水分完全被吸收，再加入奶油搅拌均匀，高速搅拌至面筋扩展。

（4）面团分割成若干 400g 的小面团，再用开酥机压成 1cm 厚的面片，撒上提子干，由上而下卷成长棍形，上盘发酵。

（5）面坯发酵至原体积的 2 倍取出，在表面扫上一层蛋黄，用锯齿状的刮板划出纹路。

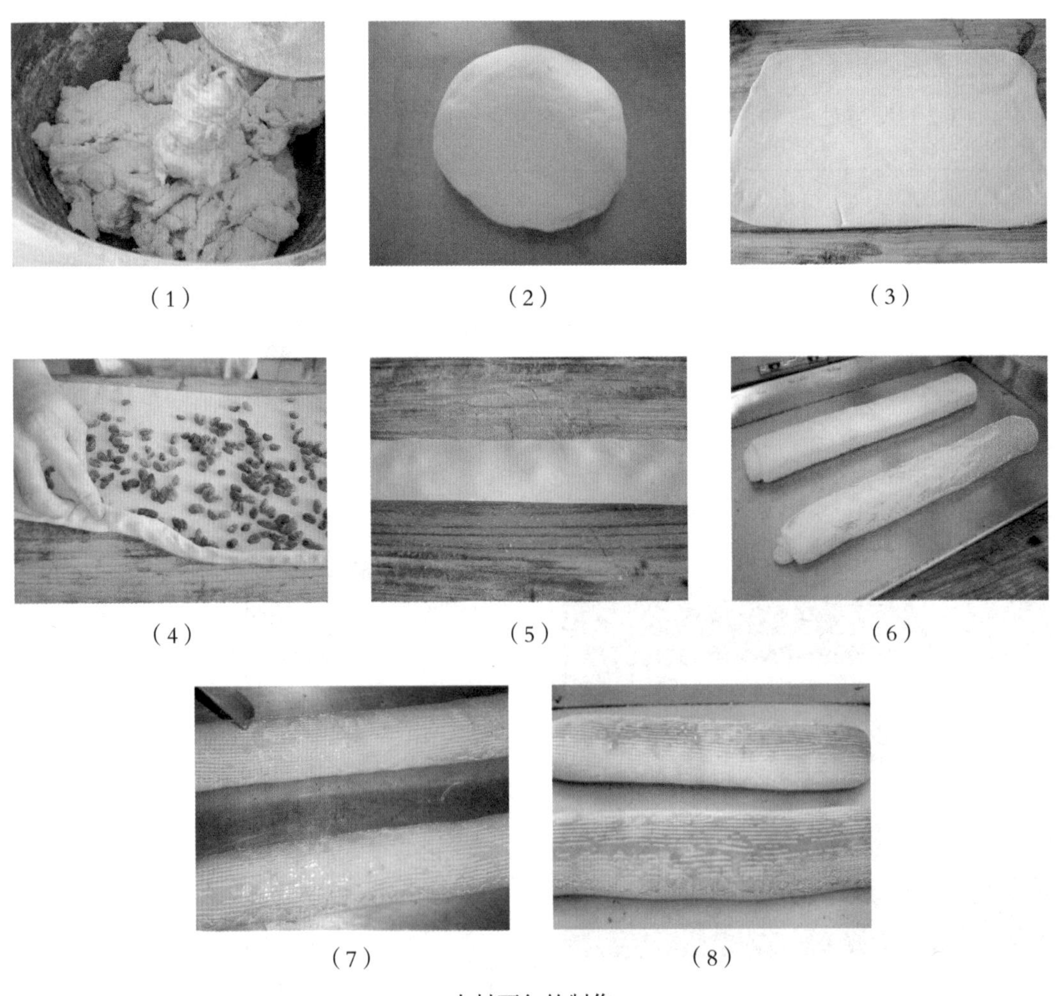

（1） （2） （3） （4） （5） （6） （7） （8）

木材面包的制作

（6）入炉，以上火 160℃、下火 150℃ 的炉温烤熟，时间为 25 分钟左右，出炉冷却后，切段售卖。

二、黄金面包条

制作过程

工艺流程：面团搅拌→基础发酵→分割→滚圆→松筋→成型→上盘→醒发→装饰→烘烤。

（1）取木材面包面团一块，用开酥机压成 0.8cm 厚的面片，用刀切成长 12cm、宽 3cm 的长方形，摆盘发酵。

（2）面片发酵至原体积 2 倍取出，在表面扫上一层蛋黄，用锯齿状的刮板划出纹路。

（3）入炉，以上火 160℃、下火 150℃ 的炉温烘烤至金黄色，时间为 20 分钟左右。

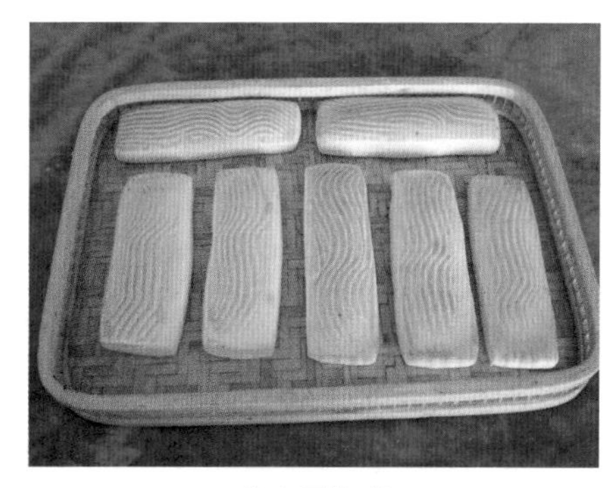

黄金面包条

（1）

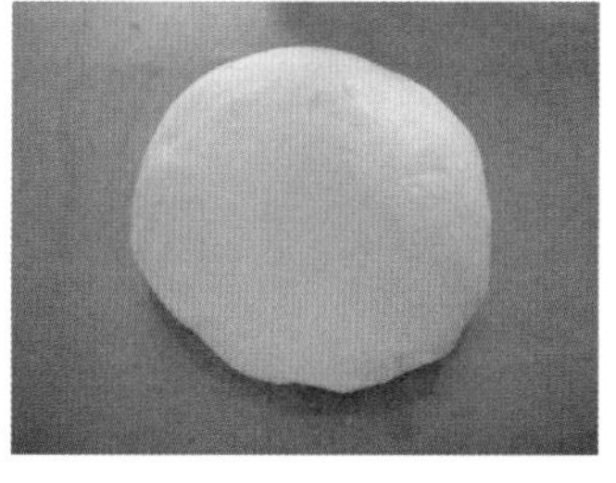

（2）

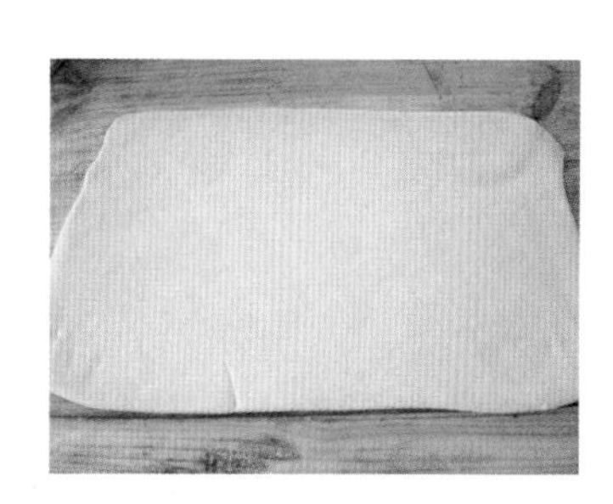

（3）

（4）

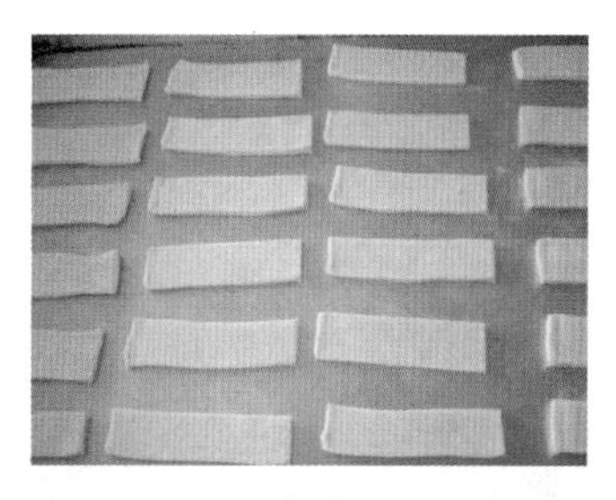

（5）

（6）

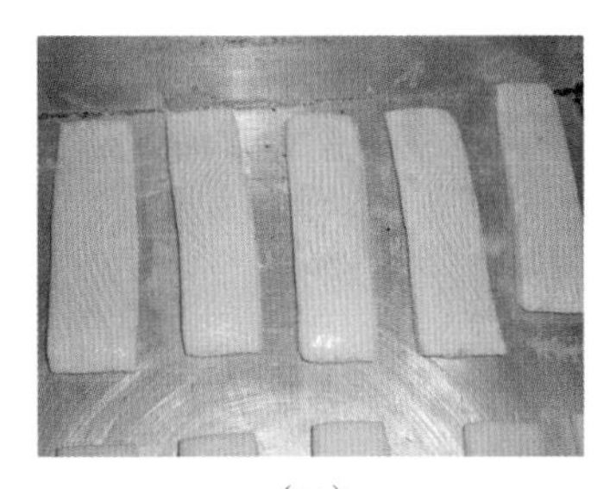
（7）

黄金面包条的制作

重点难点分析

（1）木材面包面团搅拌完成后，不需要基础发酵，直接成型，在成型切割时，最好用锋利的刀片，这样切口才能整齐。

（2）这两款面包的烘烤温度都比较低，这样面包烘烤后的颜色才是金黄色。如果温度太高，面包表面很快就会上色，变成红褐色。

（3）木材面包发酵完成后体积变化不大，因此可以用来制作艺术面包，如各种艺术字面包、兵器面包等。

第三节　黄油面包与汤种面包

一、黄油面包

黄油面包

黄油面包配方

原料		重量（g）
A	高筋面粉	3000
	细砂糖	660
	盐	30
	奶粉	120
	酵母	30
	改良剂	8
	黄色素	适量
B	全蛋	450
C	水	1140
D	奶油	300

制作过程

工艺流程：面团搅拌→基础发酵→分割→滚圆→松筋→成型→上盘→醒发→装饰→烘烤。

（1）面团搅拌（直接法）：

① A 部分原料混合均匀，加入全蛋、水搅拌成光滑的面团。

②加入奶油搅拌至面筋完全扩张。

（2）面团基础发酵 30 分钟，完成后分割成多个 2000g 的小面团，将小面团滚圆、松筋。

（3）小面团压薄，在表面均匀抹上一层奶油，然后按“四折法”从两端向中间对折，折一个“四”。

（4）面团松筋后再擀成 2～3cm 厚的薄片，用刀切成三角形，每个三角形重 60g。将面片自下而上卷成牛角形，上盘，放入发酵箱发酵约 90 分钟。

（5）发酵完全后取出，入炉，用上火 190℃、下火 170℃ 的炉温烘烤约 14 分钟，出炉后扫上泡好的奶粉。

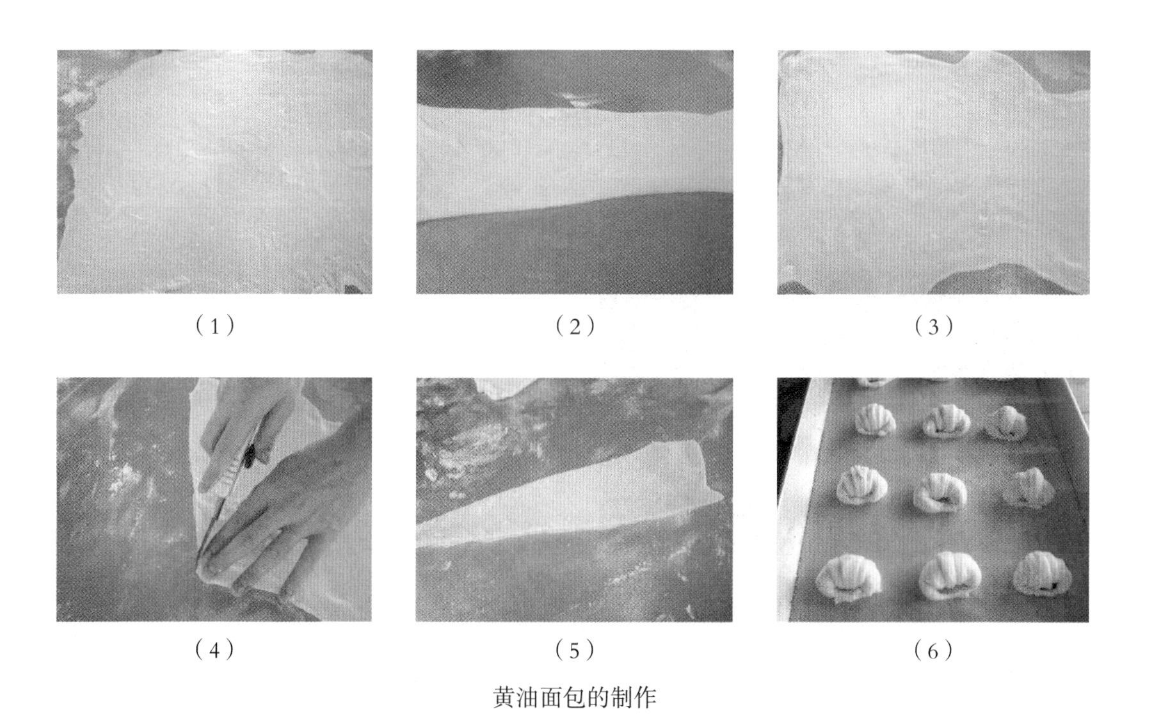

（1）　（2）　（3）

（4）　（5）　（6）

黄油面包的制作

（1）这款面包像丹麦面包一样层次分明、色泽金黄，然而其制作工艺比丹麦面包简单得多，容易为初学者所接受。

（2）在用刀切割成三角形时，可以适当减少面片的重量，在卷起时加入边角料，节约成本。

二、汤种面包

“汤种”是将面粉和水一起加热，使淀粉糊化，此糊化的面糊被称为汤种。汤种再加面包用的其他材料经搅拌、发酵、成型、烘烤而成的面包被称为汤种面包。汤种面包与其他面包最大的差别在于淀粉糊化使吸水量增多，因此面包的组织柔软，富有弹性，并且产品老化速度慢，货架寿命长。

汤种面包配方

原料		重量（g）
汤种	高筋面粉	100
	开水	500
种面	高筋面粉	500
	酵母	10
	水	100
主面团	高筋面粉	400
	砂糖	200
	改良剂	5
	酵母	5
	奶粉	40
	盐	10
	全蛋	100
	奶油	100
	水	200

汤种面包

制作过程

工艺流程：面团搅拌→基础发酵→分割→滚圆→松筋→成型→上盘→醒发→装饰→烘烤。

（1）汤种制作：高筋面粉、开水一起搅拌均匀，放在煤气炉上小火加热，边加热边搅拌，至65℃时面糊变得浓稠，有黏性，此时离火，晾凉备用。

（2）种面制作：种面部分的高筋面粉、酵母混合均匀，加入水和汤种一起搅拌成面团，发酵1.5～2小时，发酵后的体积为原来的3倍。

（3）主面团制作：

①种面、砂糖、全蛋、水一起搅拌至砂糖溶解。

②加入高筋面粉、改良剂、酵母、奶粉、盐，搅拌成光滑的面团。

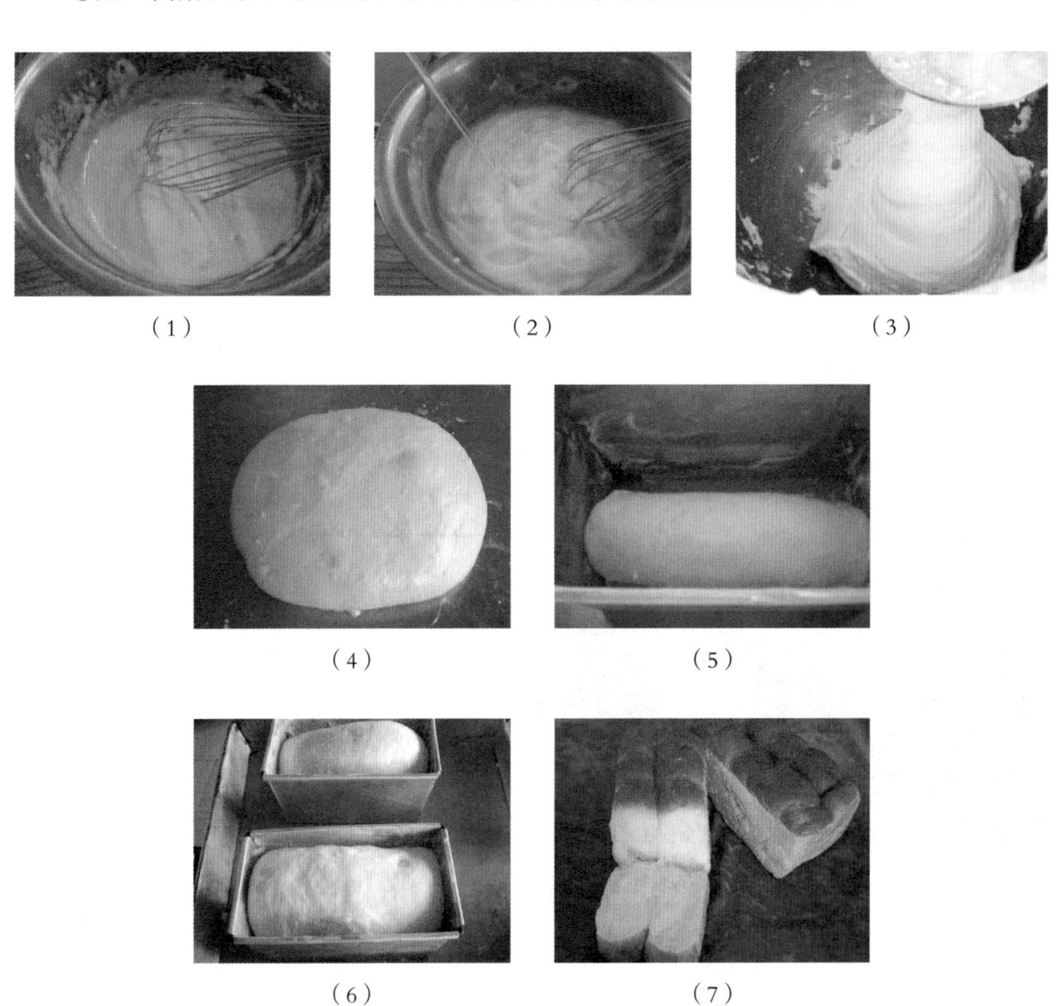

（1）　（2）　（3）

（4）　（5）

（6）　（7）

汤种面包的制作

③加入奶油搅拌至面筋完全扩张。

（4）面团基础发酵20分钟，完成后将面团分割成若干400g的小面团，将小面团滚圆、松筋。

（5）面团擀开，卷成长棍，长约16cm，放入吐司模，入发酵箱发酵。

（6）当面包坯高度与吐司模持平时取出，表面扫上一层蛋液，入炉，以上火160℃、下火190℃的炉温烘烤约32分钟，成熟后出炉。

（1）在制作汤种时，也可以先将少许水与面粉一起搅拌成面糊，再把余下的水烧开，冲入面糊，搅拌均匀即可，总之要求面糊温度达到65℃。

（2）另一种做法是：汤种不加到种面中发酵，而是在搅拌主面团时加入，从实践效果来看，两种方法的区别不大。

第四节　夹馅甜面包

一、奶酥面包

奶酥面包

奶酥馅配方

原料	重量（g）
奶油	500
糖粉	500
奶粉	500
全蛋	100

制作过程

工艺流程：面团搅拌→基础发酵→分割→滚圆→松筋→成型→上盘→醒发→装饰→烘烤。

（1）制作奶酥馅：

①奶油、糖粉混合均匀，加入全蛋搅拌均匀。

②加入奶粉，搅拌均匀即可。

（2）取甜吐司面包面团一块，分割成若干 30g 的小面团，将小面团滚圆、松筋。另取菠萝皮一块，分成若干 15g 的小块备用。

（3）菠萝皮压扁，包在甜吐司面包面团外面，取奶酥馅 8g，包在面团中间，做成圆球。

（4）一般每 5 个面团为一组，放在中空蛋糕模具中，放入发酵箱发酵，至体积为原体积的 2.5 倍。

（5）发酵完成后，入炉以上火 170℃、下火 180℃的炉温烤熟，出炉后立即脱模冷却。

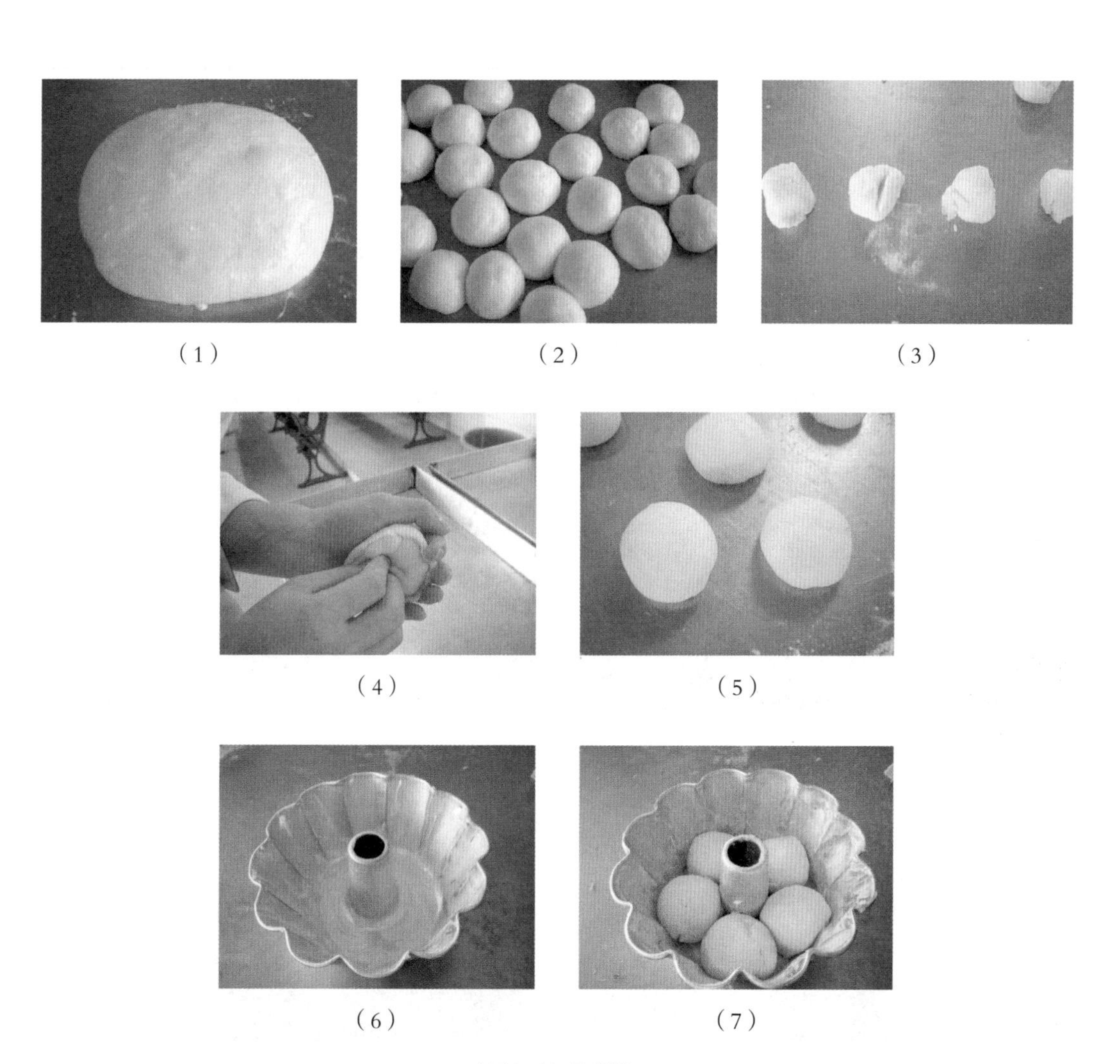

（1）　（2）　（3）

（4）　（5）

（6）　（7）

奶酥面包的制作

二、香麻大面包

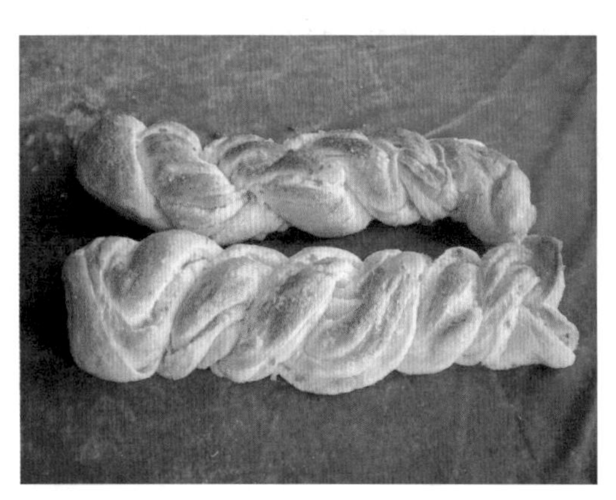

香麻大面包

香麻馅料配方

原料	重量（g）
奶油	300
糖粉	160
火腿粒	60
低筋面粉	100
椰蓉	100
葱花	50
盐	5

制作过程

工艺流程：制作馅料→面团搅拌→基础发酵→分割→滚圆→松筋→成型→上盘→醒发→装饰→烘烤。

（1）馅料制作：把所有原料混合均匀，搓成团备用。

（2）取甜吐司面包面团一块，分割成若干个400g的小面团，将小面团滚圆、松筋。

（1）

（2）

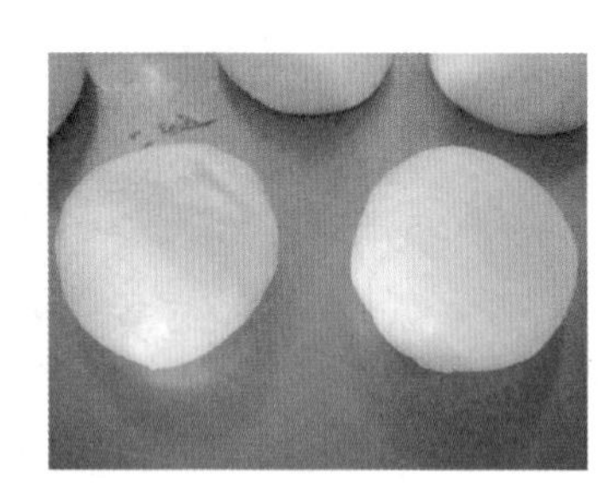

（3）

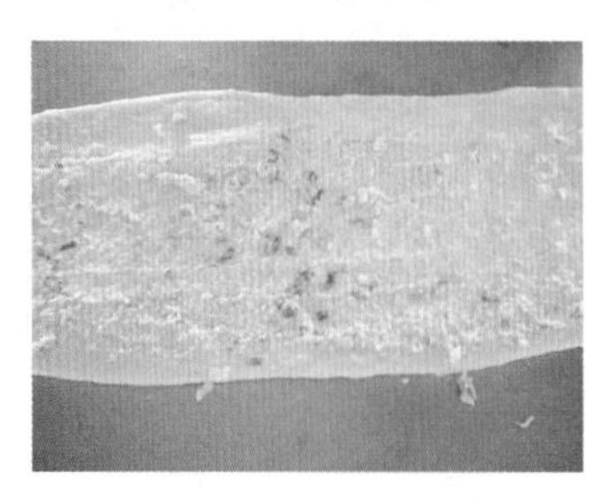

（4）

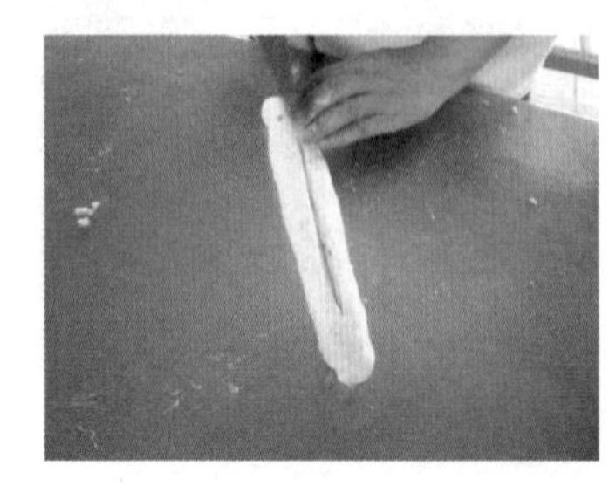

（5）

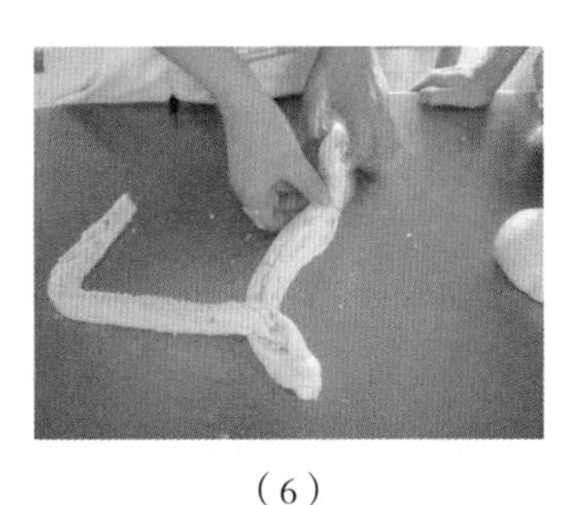

（6）

（7）

香麻大面包的制作

（3）面团擀薄，成长度为 34cm 的面片，在表面均匀抹上馅料，卷成长棍。

（4）从中间切开，分成两半，注意保持顶端相连，不要切断；把切开的面坯拧成麻花状，要求刀口向上、形状均匀。

（5）上盘，放入发酵箱发酵至体积为原体积的 2.5 倍，取出，在表面扫蛋液，进炉以上火 180℃、下火 175℃ 的炉温烘烤约 20 分钟，烤至面包呈金黄色，出炉冷却。

三、地瓜面包

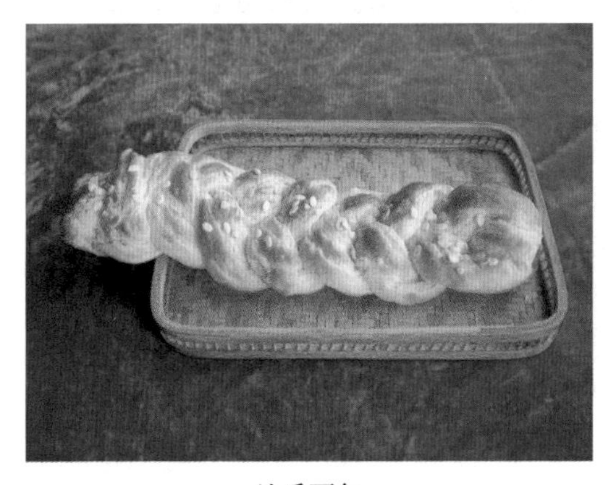

地瓜面包

地瓜馅料配方

原料	重量（g）
红薯	750
糖粉	60
奶油	60

制作过程

工艺流程：制作馅料→面团搅拌→基础发酵→分割→滚圆→松筋→成型→上盘→醒发→装饰→烘烤。

（1）馅料制作：

①红薯隔水蒸熟，去皮，投入搅拌桶，搅打成泥。

②加入糖粉、奶油搅拌均匀备用。

（2）取甜面包面团一块，分割成若干 1500g 的面团，将面团滚圆、松筋。

（3）面团用压面机压薄，成长方形面片，在面片表面抹上馅料，约占面片表面的2/3，把没有馅料的面皮折向中间，盖在馅料表面，然后把另一端折向中间，完成一次“三折”。

（4）把折好的面团压薄，厚0.5～0.6cm，宽40cm；用刀切成宽1cm的长条，每三条为一组，顶端不切断。

（5）把切好的面条编成三股辫子形状，要求切口向上。

（6）上盘，放入发酵箱发酵至体积为原体积的2.5倍，取出，在表面扫蛋液，进炉以上火180℃、下火175℃的炉温烘烤约20分钟，面包烤至呈金黄色，出炉冷却。

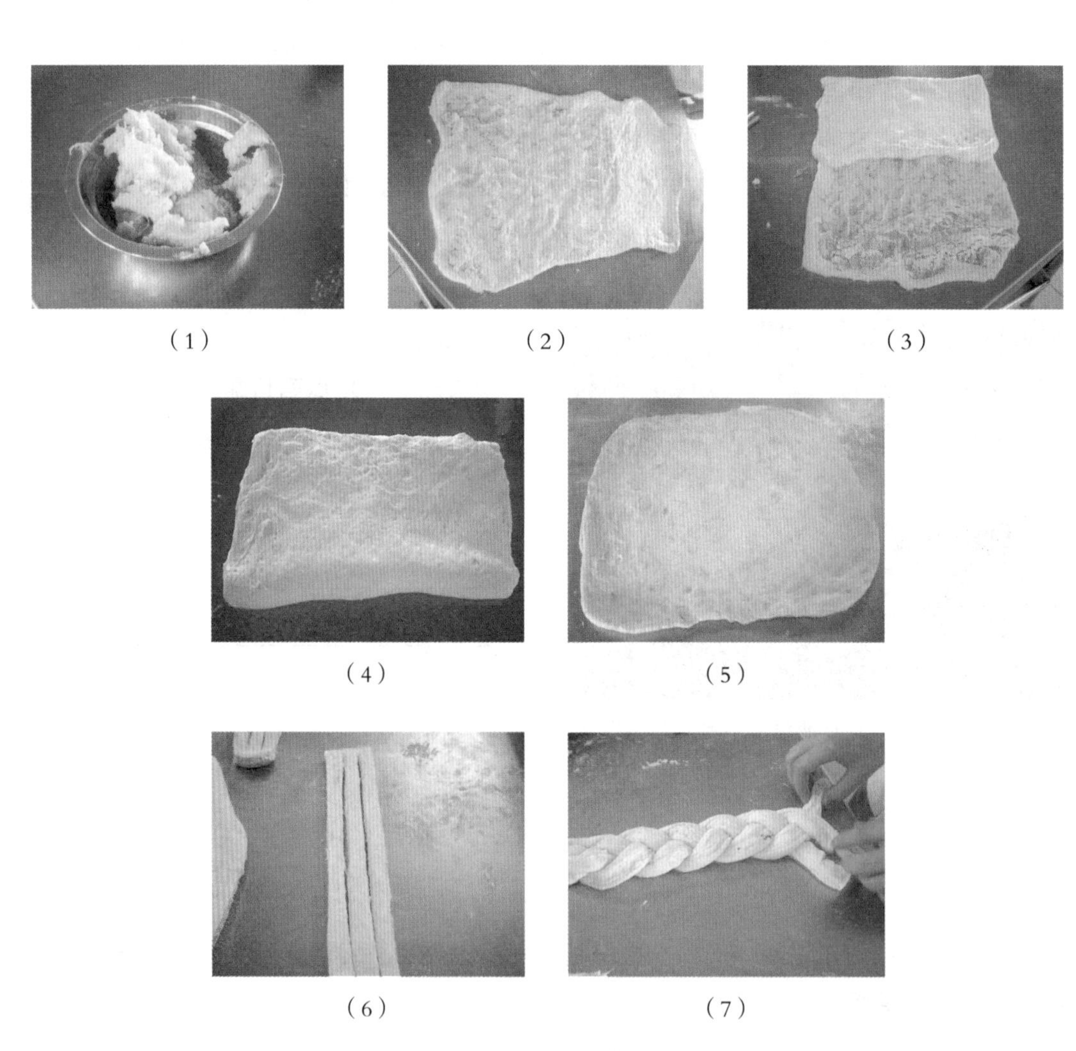

（1） （2） （3）

（4） （5）

（6） （7）

地瓜面包的制作

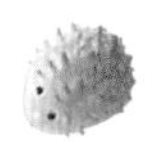

重点难点分析

（1）在制作馅料时，红薯要蒸烂，可以用桨状搅拌器搅打成泥，不能有颗粒，避免在成型操作时“露馅”。

牛角形地瓜面包

（2）地瓜面包也可以按照下面的方法制作成牛角形：

①取甜吐司面包面团一块，分割成若干 60g 的小面团，将小面团滚圆、松筋。

②面团擀薄，成等腰三角形面片，在面片表面均匀地抹上馅料，三角形面片的边缘向内卷起一些。

③把三角形面片从底边向上卷成“牛角”状，再把两顶端向中间窝起，接口向下放盘。

④放入发酵箱发酵至体积为原体积的 3 倍取出，在表面扫蛋液，入炉以上火 190℃、下火 175℃ 的炉温烘烤约 14 分钟，呈金黄色时出炉。

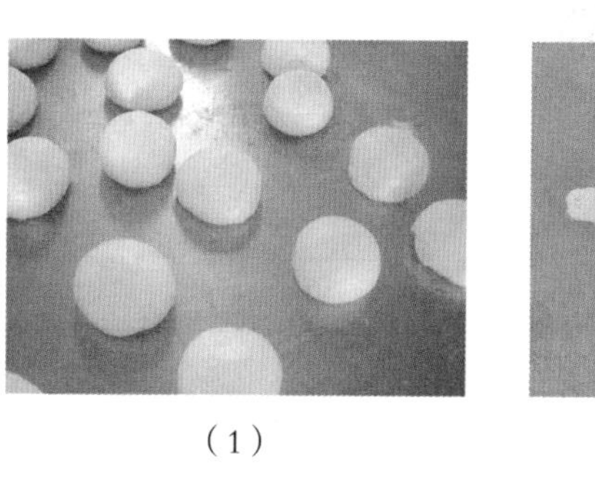

（1）

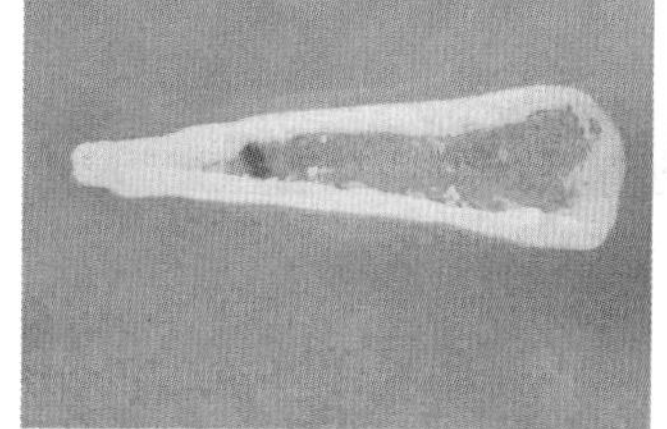

（2）

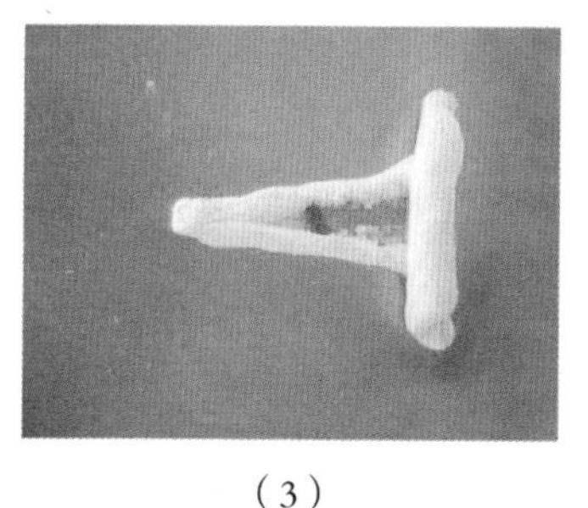

（3）

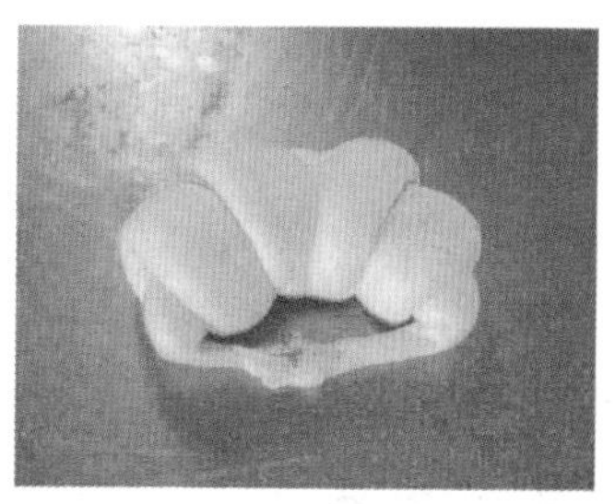

（4）

牛角形地瓜面包的制作

第五节　油炸面包

大多数面包是烘烤成熟的，也有一类面包的成熟方法是油炸、煎制，其中比较有名的是炸面包圈、油炸饼等。油炸类面包所用的面团有两种，一种是酵母发酵面团，另一种类似泡芙面团，依靠物理膨松。前者在国内市场上最为常见，如甜甜圈、咖喱牛肉面包、炸热狗面包都属于这一类，而后者则比较少见，如蛋糕面包圈、法式炸面包圈。

一、炸热狗面包

炸热狗面包

炸热狗面包配方

原料	重量（g）
高筋面粉	750
酵母	15
豆蔻	2
盐	13
砂糖	105
炼乳	38
全蛋	105
水	410
酥油	75

制作过程

工艺流程：面团搅拌→基础发酵→分割→滚圆→松筋→成型→上盘→醒发→油炸。

（1）把配方中的砂糖、炼乳、水、全蛋倒入搅拌桶，慢速搅拌至砂糖溶解；依次加入高筋面粉、酵母、豆蔻、盐等干性原料，慢速搅拌均匀。

（2）高速搅拌至面团表面呈光滑状，加入酥油，慢速搅拌至油全部融入面团，然后高速搅拌至面筋完全扩张。

（3）基础发酵25分钟，分割成若干60g的小面团，将它们滚圆、松筋。

（4）小面团擀开，卷成长棍形，松筋5分钟，再搓长；取热狗香肠一条，把搓好的面条缠在香肠表面，呈螺旋状。

（5）烤盘撒上一层面粉，面包坯上盘，放入发酵箱发酵，时间约50分钟。

（6）将油锅升温至 170℃～180℃，放入发酵完全的面包坯，炸至金黄色，捞出滤干油。

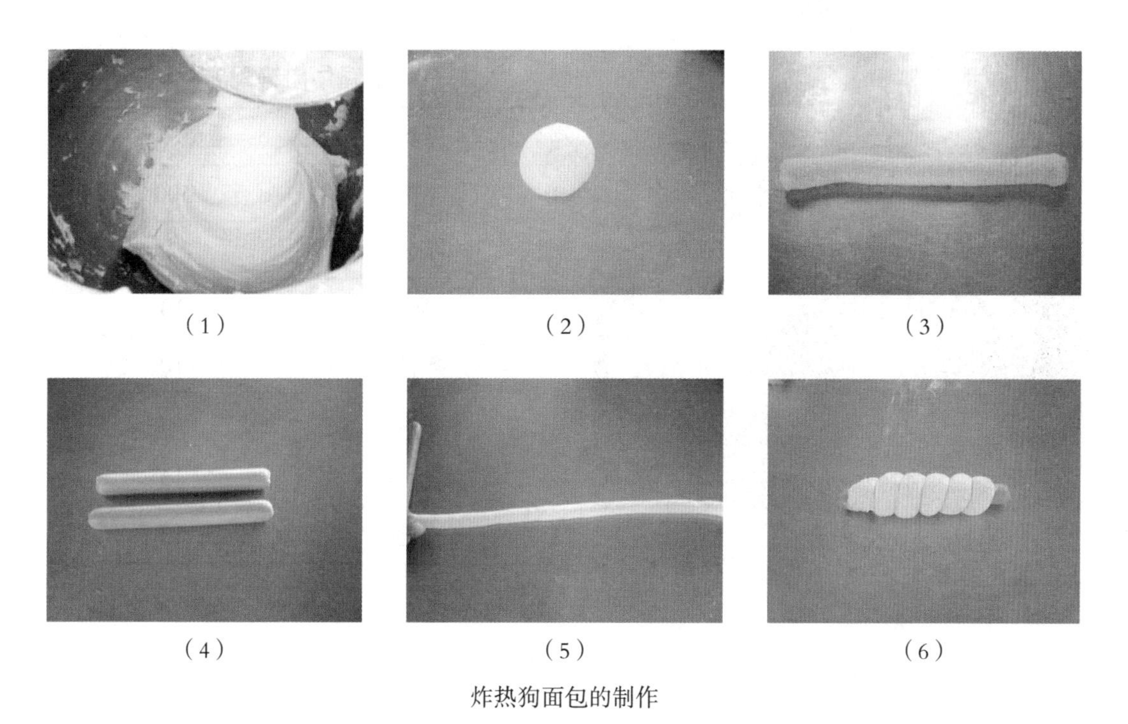

（1）　（2）　（3）

（4）　（5）　（6）

炸热狗面包的制作

重点难点分析

（1）油炸面包面团的糖、蛋、油含量比较低，这是因为面团容易在油炸过程中吸收大量的油脂，如果不减少面包中的油脂，炸出的产品会十分油腻；而糖、蛋含量多的面团在炸制时会很快被炸焦。

（2）油炸面包面团的酵母含量比较高，发酵速度快，因此发酵箱温度不宜太高。许多面包师采用室温发酵的方法，这样的好处是面团表面不粘手，油炸时方便移动。

（3）在油炸时，欧美的面包师多选择 185℃~195℃ 的油温，这与面包成分、设备都有关系。欧美地区油炸面包的糖、蛋含量比国内的低，设备多用恒温的电炉；而国内的油炸面包糖、蛋的成分含量比国外的高，设备大多使用普通的煤气炉，温度不均匀，因此多采用较低的油温。

（4）油炸面包在成熟时体积膨胀比较大，要求控制好发酵时间和发酵体积，发酵体积约为软质面包的 70% 即可，体积太大会出现成品表面塌陷的情况。

二、咖喱牛肉面包

咖喱牛肉面包

咖喱牛肉馅配方

原料	重量（g）
牛肉	500
洋葱	225
盐	10
味精	10
咖喱粉	10
花生油	15
玉米淀粉	10

制作过程

工艺流程：制作馅料→面团搅拌→基础发酵→分割→滚圆→松筋→成型→上盘→醒发→油炸。

（1）制作咖喱牛肉馅：

①牛肉用绞肉机绞碎，洋葱切粒备用。

②加入盐、味精、咖喱粉、花生油，混合均匀。

③最后加入玉米淀粉搅拌均匀。

（2）取炸热狗面包面团一块，基础发酵 25 分钟，分割成若干 60g 的小面团，将小面团滚圆、松筋。

（3）面团用手压薄，成直径约 10cm 的面饼，在中间放入 30g 馅料，先由边向中心捏出一个角，到中间为止，然后把相对的边沿向中心折，用两手的虎口掐紧，成三角形。

（4）烤盘撒上一层面粉，上盘，放入发酵箱发酵，时间约 50 分钟。

（5）将油锅升温至 170℃～180℃，放入发酵完成的面包坯，炸至金黄色，捞出滤干油。

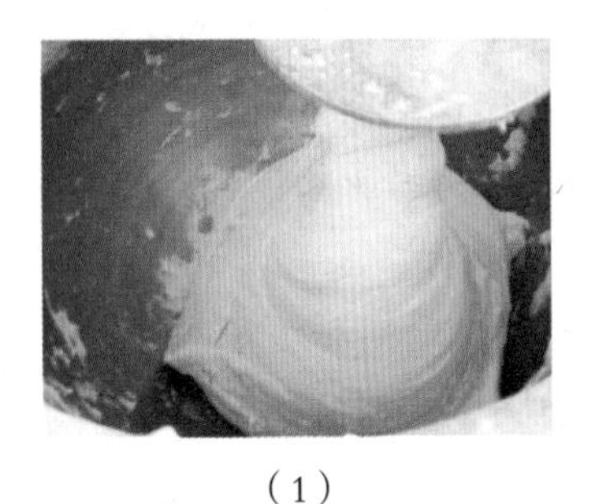

（1）

（2）

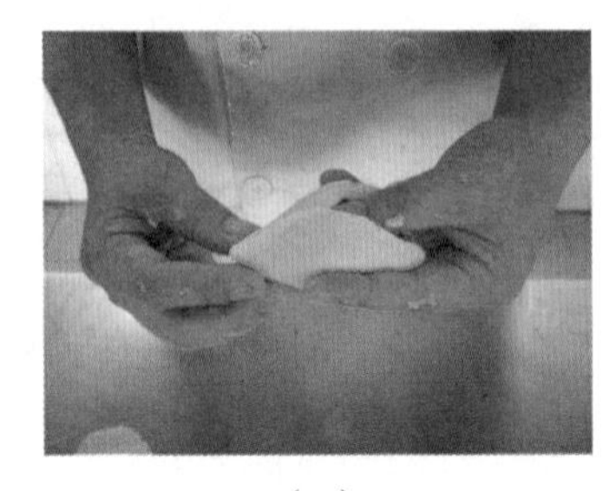

（3）

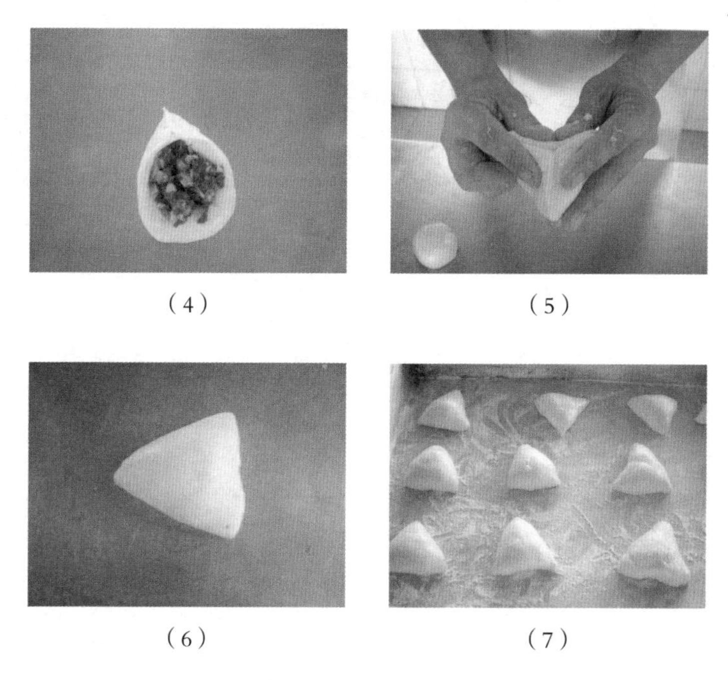

（4）　（5）

（6）　（7）

咖喱牛肉面包的制作

三、甜甜圈

制作过程

工艺流程：面团搅拌→基础发酵→分割→滚圆→松筋→成型→上盘→醒发→装饰→油炸。

甜甜圈

（1）取炸热狗面包面团一块，基础发酵 25 分钟，分割成若干 50g 的小面团，将它们滚圆、松筋。

（2）小面团擀薄，卷成长棍，一端用擀面棍擀薄；面坯弯曲成圆环，把另一端放在擀薄的接口处，捏紧接口。

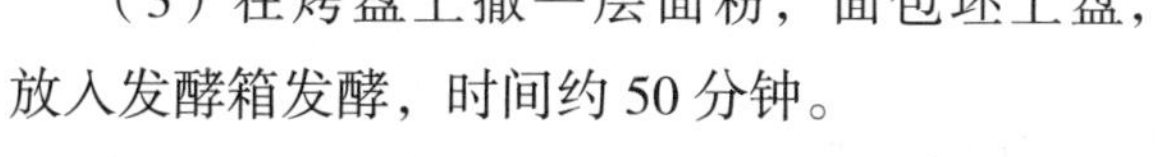

（3）在烤盘上撒一层面粉，面包坯上盘，放入发酵箱发酵，时间约 50 分钟。

（4）将油锅升温至 170℃ ~ 180℃，放入发酵完成的面包坯，炸至金黄色，捞出滤干油，粘上细砂糖装饰。

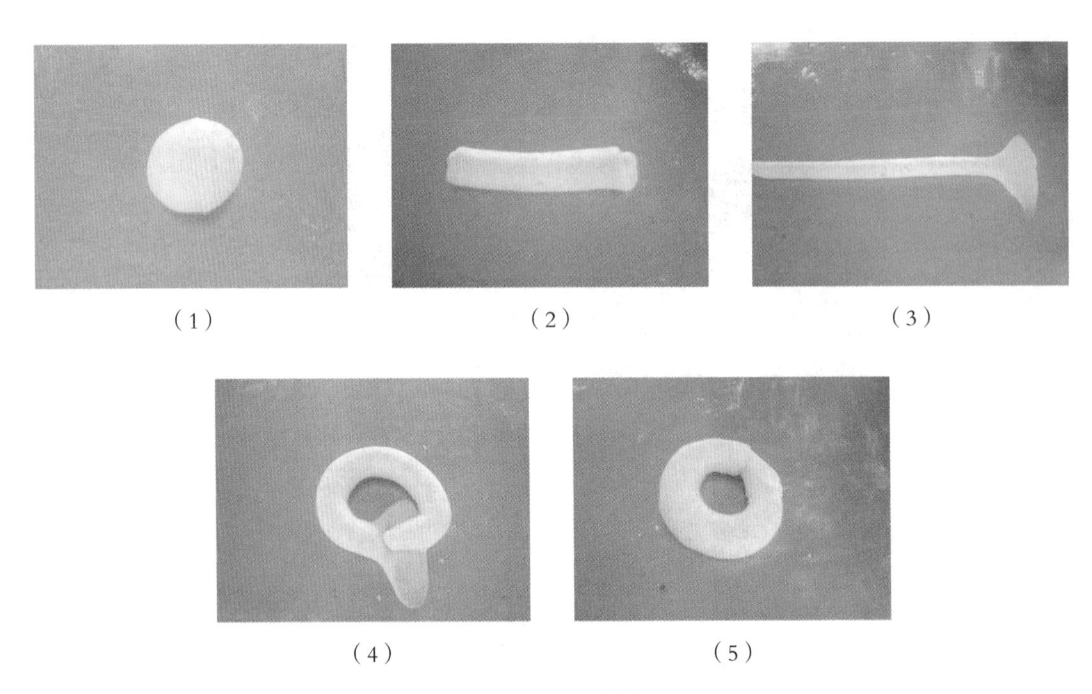

(1) (2) (3)

(4) (5)

甜甜圈的制作

重点难点分析

(1)甜甜圈的装饰有很多种，除了粘细砂糖外，还有下面几类。

①巧克力装饰。先使巧克力融化，甜甜圈在巧克力中蘸一下，取出，用不同的巧克力在表面画出花纹或者粘上彩针或果仁。

(1)

(2)

(3)

用巧克力装饰的甜甜圈

②从中间纵向切开，夹入各种馅料或火腿片，做成汉堡包的形状。

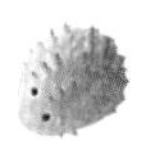

（2）大量制作甜甜圈时，通常用甜甜圈模具，快速印出甜甜圈的形状，以提高生产效率：

①把面团用开酥机压到一定的厚度（1cm 左右）。

②用环形的甜甜圈模具印出一个个甜甜圈面坯，烤盘撒粉，上盘。

③中心多出的面团拼成一个圆环形，做成各种形状，别具特色。

汉堡包形状的甜甜圈

甜甜圈模具

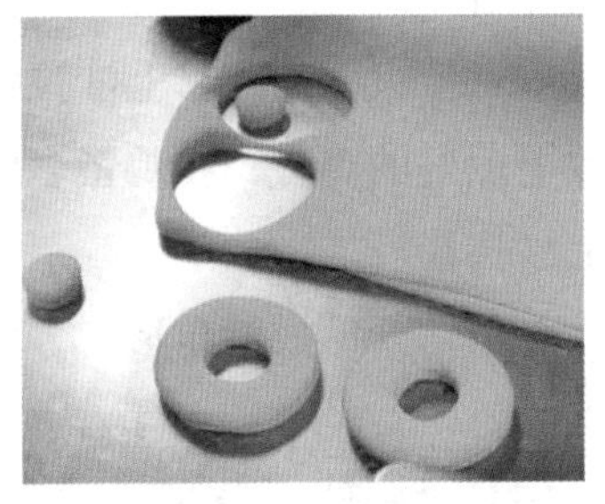

用模具印出的甜甜圈面坯

拼凑出的甜甜圈

第六节　三明治

三明治英文名 Sandwich，又译作三文治，是一种典型的西方食品，早期的三明治多以两片面包夹几片火腿和奶酪，配以各种调料制作而成，制作简单，广泛流行于西方各国。如今的三明治品种繁多，例如，夹火鸡肉片、培根、莴苣、番茄的“夜总会三明治”，夹鸡蛋和火腿肉的“公司三明治”。在法国，人们更喜欢用法棍来制作三明治。

三明治

三明治配方

原料	用量
带盖吐司面包片	4片
火鸡肉	2片
鸡蛋	1个
沙拉酱	适量
番茄酱	适量

制作过程

工艺流程：烘烤火腿肉→煎蛋→加工。

（1）火腿肉切片，上盘，在表面挤上沙拉酱，入炉以上火200℃、下火180℃的炉温烘烤8分钟左右。

（2）鸡蛋用平底锅煎熟，带盖吐司面包切片备用。

（3）取一片面包片，在表面挤上番茄酱，放一片火腿肉，挤上沙拉酱。

（4）叠放上一片面包片，挤上番茄酱，放上煎好的鸡蛋，在鸡蛋表面挤上沙拉酱。

（5）同样的方法，再放上一片火腿，挤上沙拉酱。

（6）叠放上最后一片面包片，切去四边，对角切开，成三角形。

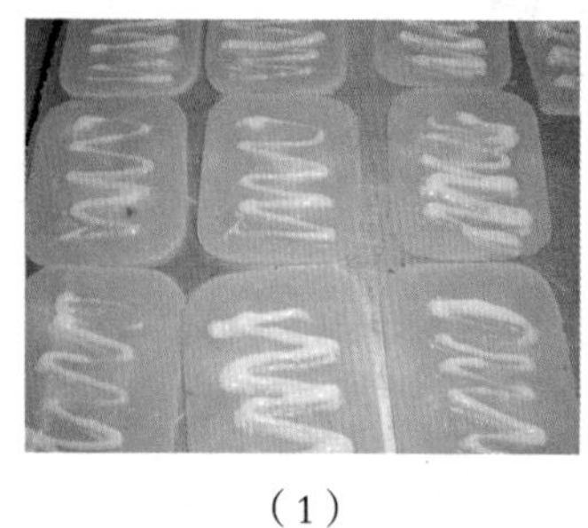

（1）

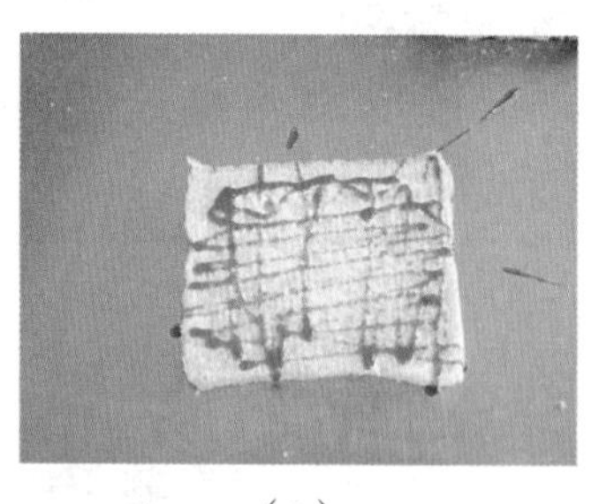

（2）

（3）

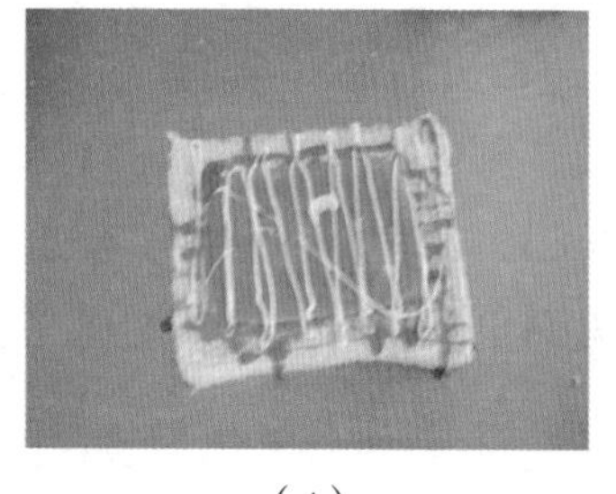

（4）

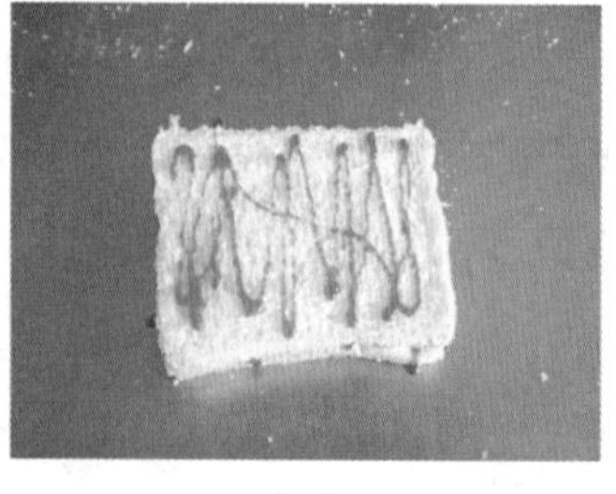

（5）

（6）

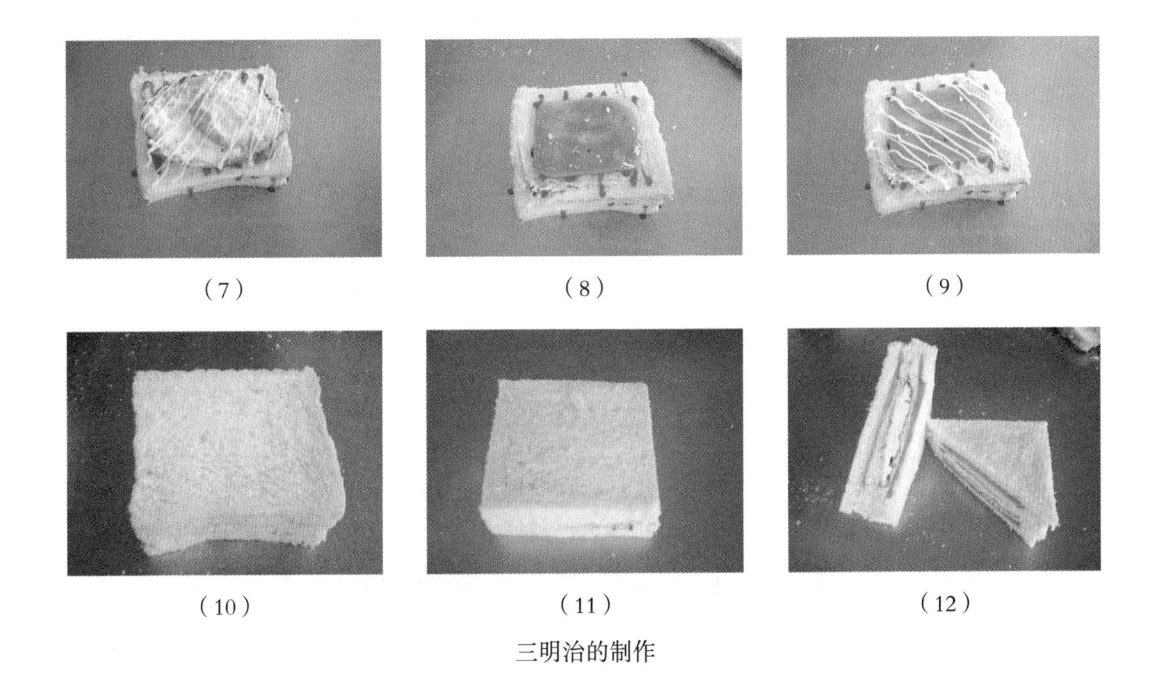

（7）（8）（9）

（10）（11）（12）

三明治的制作

第七节　圣诞面包与欧式面包

西方的圣诞节是一年中最盛大的节日，相当于中国人的春节。经典的圣诞面包是专为圣诞节准备的，它的与众不同在于其含有丰富的干果和蜜饯，口味香甜，充满浓郁的异国风情。圣诞面包制作完成后，密封存放 2 天后才能散发出特有的风味和迷人的香气。

一、圣诞面包

圣诞面包

圣诞面包配方

原料		重量（g）
A	水果蜜饯	200
	葡萄干	160
	水果酒	15
B	高筋面粉	1000
	酵母	15
	改良剂	4
	砂糖	120
	盐	15
C	全蛋	100
	牛奶	450
D	酥油	150

制作过程

工艺流程：面团搅拌→基础发酵→分割→滚圆→松筋→成型→上盘→醒发→装饰→烘烤。

（1）水果蜜饯切碎，与葡萄干混合，加入适量水果酒（如朗姆酒）浸泡。

（2）B部分原料一起投入搅拌桶，混合均匀，加入全蛋、牛奶，搅拌成光滑的面团。

（3）加入酥油，慢速搅拌均匀，高速搅打至面筋扩张。

（4）加入浸泡好的水果蜜饯和葡萄干，慢速搅拌均匀。

（5）面团放入发酵箱，基础发酵30～40分钟，至原体积的1.5～2倍时取出。

（6）面团分割成多个600g的面团，将面团滚圆、松筋，卷成长棍，上盘、发酵。

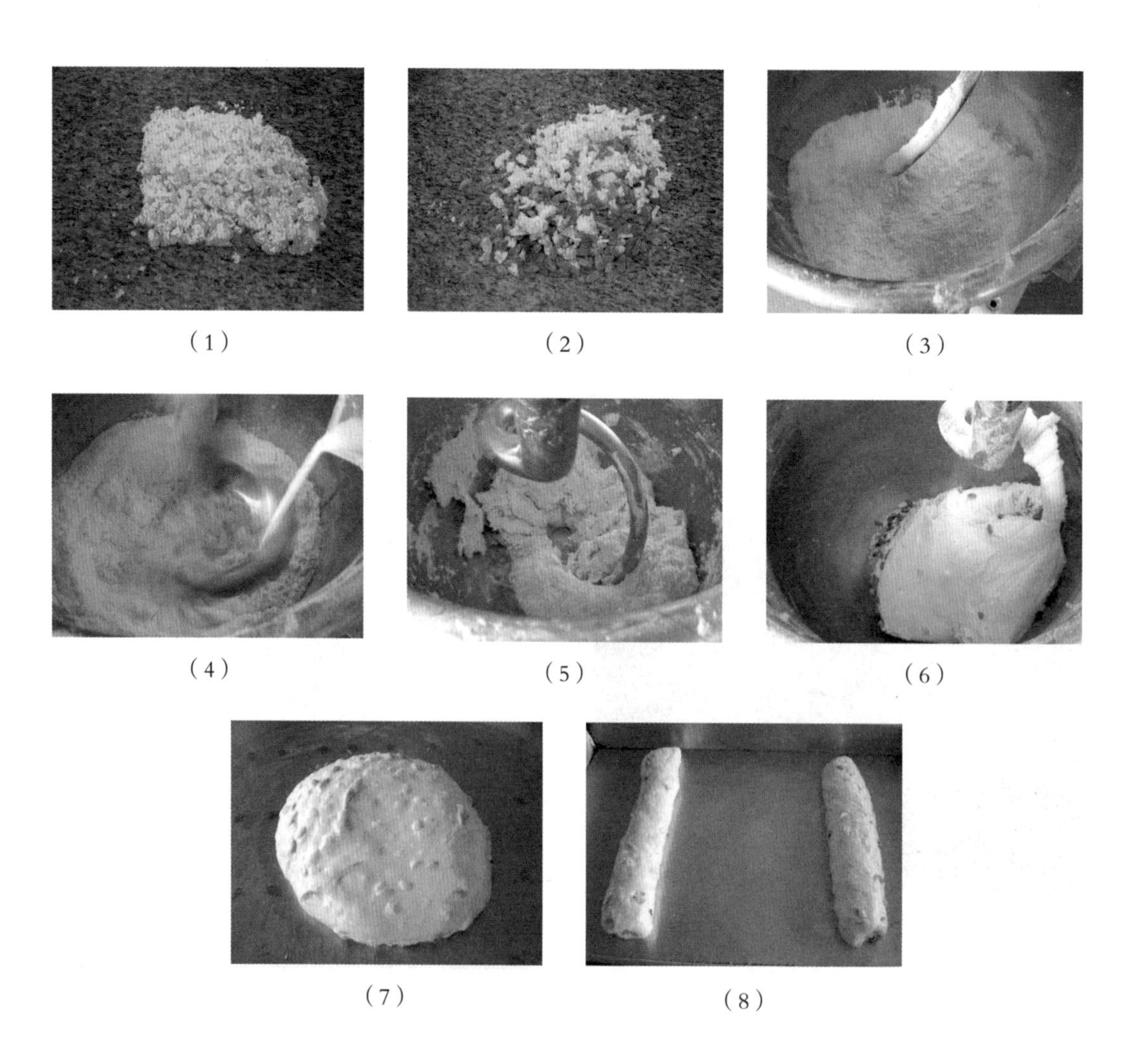

（1）（2）（3）

（4）（5）（6）

（7）（8）

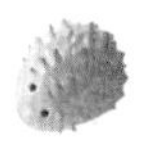

（9）

（10）

圣诞面包的制作

（7）面包坯发酵至原体积的2.5倍大时取出，在表面筛上一层高筋面粉，入炉以上火170℃、下火165℃的炉温烤熟，冷却后切件。

重点难点分析

（1）圣诞面包有多种做法，每个国家都不同，但是相同点是都加有大量水果干。

（2）水果干不宜过早加入，否则会影响面团面筋扩张，在面团搅拌完成时加入即可。

（3）面包坯在最后醒发过程中会下陷，变得不再饱满，这是正常现象。

（4）面包坯中含有大量水果和油脂，要求低温长时间烘烤。

二、欧式面包

欧式面包

欧式面包配方

原料		重量（g）
A	高筋面粉	1000
	酵母	15
	改良剂	4
	奶粉	50
	砂糖	160
	盐	10
B	全蛋	400
	冰水	200
C	酥油	400

制作过程

工艺流程：面团搅拌→基础发酵→分割→滚圆→松筋→成型→上盘→醒发→装饰→烘烤。

（1）面团搅拌（直接法）：

① A 部分原料投入搅拌桶，慢速搅拌均匀。

②加入全蛋、冰水慢速搅拌成团，高速搅打至光滑。

③加入酥油慢速搅拌均匀，高速搅打至面筋完全扩张。

（2）面团基础发酵 30 分钟，分割成若干 40g 的小面团，将小面团滚圆、松筋。

（3）面团擀薄，卷成长棍，松筋，搓长，每两个为一组，编成前端大、后端小的辫子形状。

（4）从后端卷成球形，接口向下放置。

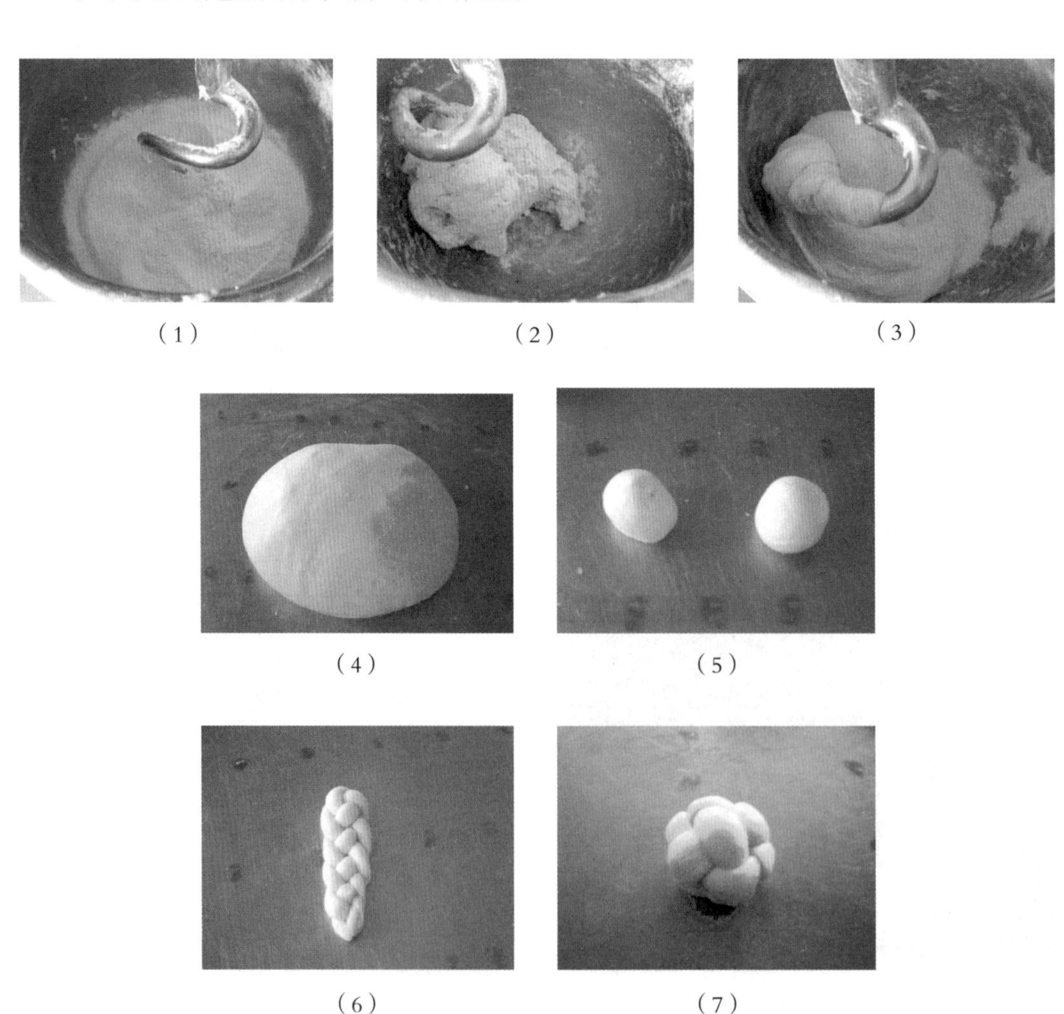

（1）　（2）　（3）

（4）　（5）

（6）　（7）

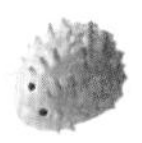

（8）

（9）

欧式面包的制作

（5）烤盘或模具涂抹奶油，均匀放入卷好的面包坯，面包坯之间的距离不要太大，放入发酵箱发酵，当面包坯体积膨胀至原体积的 2.5 倍时取出，表面扫全蛋装饰。

（6）入炉以上火 170℃、下火 190℃ 的炉温烤熟，冷却后每两个为一组分开。

重点难点分析

（1）欧式面包是这两年在我国南方地区制作比较多的一种面包，它组织柔软，用手撕开如棉絮一般。

（2）欧式面包含有比较高的油脂成分，在烘烤时容易出现外形下陷、扁平的情况，因此，基础发酵时间要充足，烘烤时间应适当延长。

切开后的欧式面包

（3）欧式面包还有另外一种常见的成型方法：

①面团基础发酵 30 分钟，分割成若干 150g 的小面团，将其滚圆、松筋。

②面团擀薄，卷成长棍，松筋，搓长，每 5 个为一组，编成五股辫子形状，上盘。

③入发酵箱发酵，当面包坯体积膨胀至原体积的 2.5 倍时取出，表面扫蛋液装饰。

④入炉以上火 170℃、下火 170℃ 的炉温烤熟，冷却后切件包装。

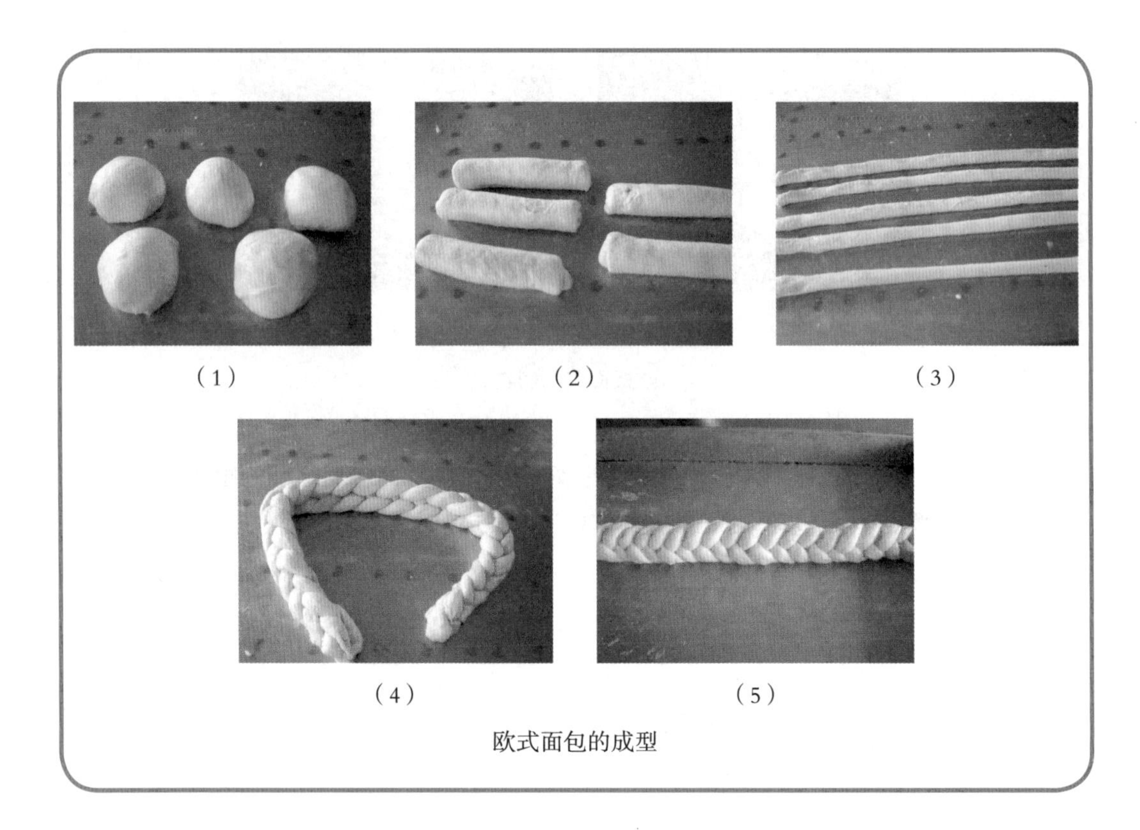

（1）（2）（3）

（4）（5）

欧式面包的成型

第十章　欧式面包制作技术

软欧面包，即松软的欧式面包。一般来说，欧式面包个头都比较大，分量较重，表皮金黄而硬脆，并且面包内部组织不像海绵似的柔软。欧式面包口味多为咸味，且很少加糖和油，以高纤、低糖、低油、低脂为特点，注重谷物的天然原香，这是欧式面包相对国内面包来说最大的区别。

国内一直流行的是口感软糯、内部结构似海绵的高糖、高油、高热量的日式面包。随着人们生活水平的提高，人们越来越注重食物的健康性，所以低糖、低油、高纤维的欧式面包慢慢步入现代人的生活。

但是，传统欧式面包大而硬，不太符合中国人的口味习惯，所以更适合中国人的口感偏好又健康的软欧面包应运而生。软欧面包其实就是在硬的欧式面包和日式软面包之间的平衡，拥有欧式面包的外皮、日式软面包的芯，更适合中国人的口味。软欧面包其实是吸收了两者的长处，既满足了人们追求个性化口味的需求，又顺应了当今倡导优质品位、健康生活的潮流。

总之，软欧面包吸收了传统欧式面包健康和日式软面包的好口感的优点，是传统欧式面包和日式软面包的结合体，它混合着杂粮、坚果等健康材料，少油、少糖、无蛋，外脆硬而内柔韧，比日式软面包更有嚼劲，比传统欧式面包更松软，热量低又能饱腹。软欧面包和传统甜面包的面团揉制和发酵方法基本一致，最大的区别还是在面团配方、内馅以及装饰手法上。

第一节　布里欧修面包（传统欧式面包）

布里欧修面包

布里欧修面包配方

原料	重量（g）
高筋面粉	700
低筋面粉	300
牛奶	280
全蛋	300
砂糖	150
酵母	20
盐	12
黄油	300

制作过程

工艺流程：制作面团→成型→发酵→装饰→烘烤。

1. 制作面团

（1）将除黄油和盐以外的面团材料加入搅拌桶，低速揉成团。

（2）转中速继续揉面至面筋扩张，分次加入黄油和盐，低速搅拌至黄油被充分吸收。

（3）转高速揉面至面筋扩张，要求揉好的面团有非常好的延展性。

（4）将面团整理好，放入发酵盒，密封盖好放冰箱冷藏发酵约 2 小时（也可以在常温下醒发 30 分钟）。

2. 成型

（1）冷藏发酵好的面团分成若干 50g 的小面团，稍排气后滚圆，盖好冷藏松弛约 20 分钟。

（2）将松弛好的小面团擀成椭圆形面片，拍掉周边气泡后翻面横放，用折叠按压的方式卷成圆柱，盖好冷藏继续松弛约 20 分钟。

（3）将松弛好的小面柱擀薄后再次折叠按压紧，搓成中间粗两头细的长条。

（4）编 5 股辫：5 份面条为一组，按“2–3，5–2，1–3”的方法编成 5 股辫子。

（5）编 6 股辫：6 份面条为一组，先将 6 过 1，然后重复按“2–6，1–3，5–1，6–4”的方法编成 6 股辫子。

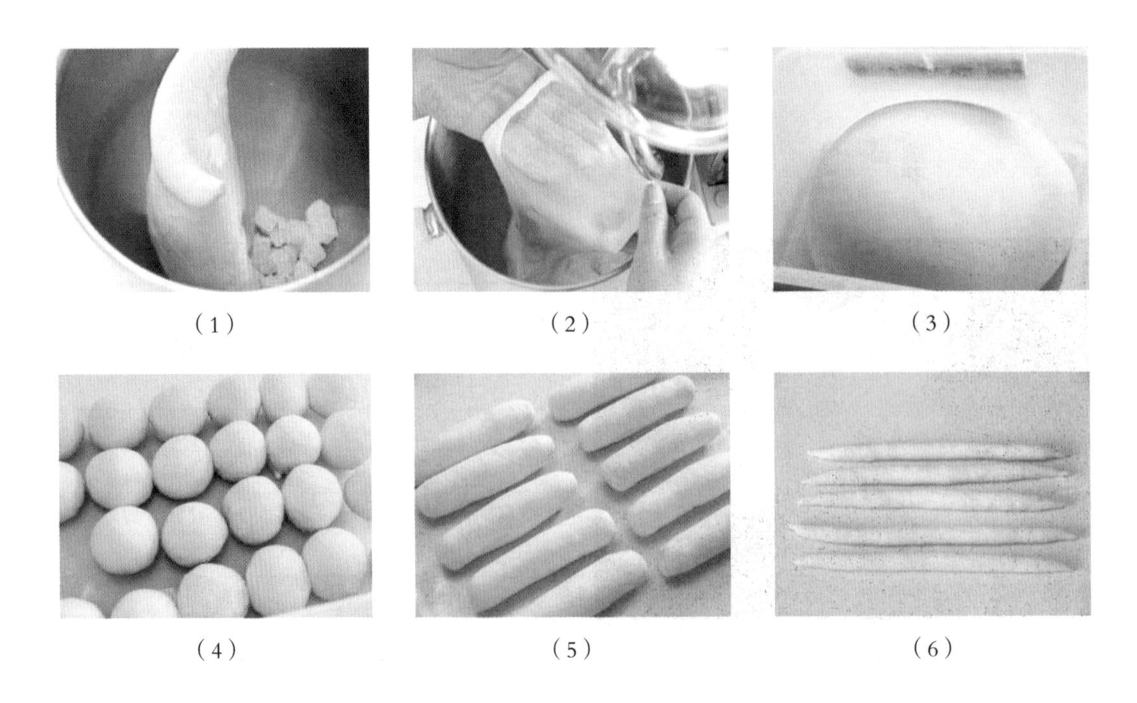

（1）　（2）　（3）

（4）　（5）　（6）

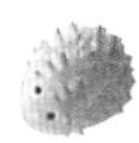

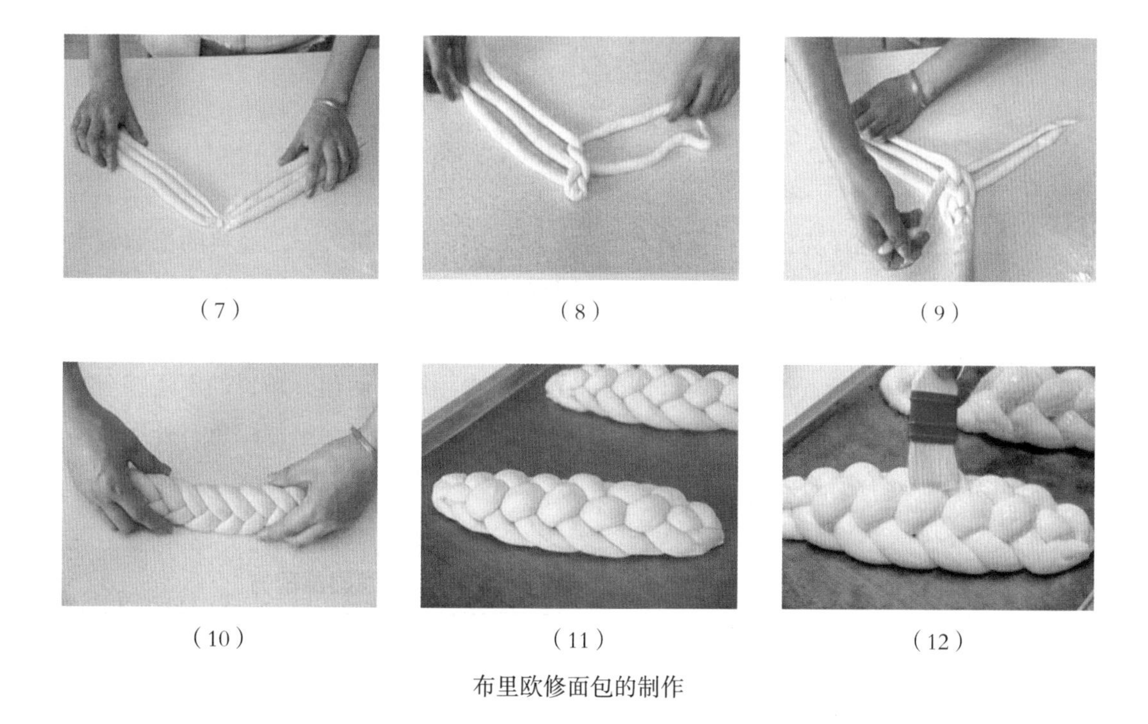

（7）　（8）　（9）

（10）　（11）　（12）

布里欧修面包的制作

3. 发酵、烘烤

（1）编好的辫子两头要搓紧，做好的面包坯放入烤盘。发酵箱温度设置为38℃，进行二次发酵，面包坯发酵至约原来的1.5倍大小。

（2）发酵好的面包坯表面均匀地刷上蛋液，烤箱预先加热，以上火190℃、下火170℃的炉温烘烤16～18分钟，至颜色整体金黄后取出，放网架上晾凉。

重点难点分析

（1）揉面时，因黄油的含量较高，所以应分次加入，待黄油基本融合吸收后再加，如果一次性全加入，会增加揉面的难度，容易导致揉面失败。

（2）面团发酵，冷藏比常温发酵好，冷藏发酵面团温度低，相对于后面整形会更好操作，面包的形状也更好保持。

（3）布里欧修面包的原料里含有大量牛奶、鸡蛋和黄油，因为没有水的加入，所以成品面包奶香味十足。

第二节　德国结（传统欧式面包）

德国结，也被翻译为巴伐利亚碱水面包、啤酒结、蝴蝶饼等，是经典的德国碱水面包。德国人喜欢大口喝酒、大口吃肉，很少吃蔬菜，长期下去这样的饮食习惯会导致大部分人肠胃泛酸，体内钙质流失严重，骨质疏松和牙齿松动等现象时常发生。为了调节身体的酸碱平衡，德国政府部门号召大家多食用碱水面包，肠胃的不适感会减轻许多，渐渐地德国人就把吃碱水面包当成一种习惯了。德国结呈深棕色，外形似马镫，组织紧密，颇有嚼劲。

德国结

德国结配方

原料		重量（g）
皮	高筋面粉	400
	低筋面粉	170
	砂糖	57
	酵母	5
	盐	8
	水	285
	黄油	26（可不加）
碱水	水	1000
	烘焙碱	35

制作过程

工艺流程：制作面团→成型→发酵→装饰→烘烤。

1. 制作面团

（1）将除黄油和盐以外的原料加入搅拌桶，低速揉成团。

（2）转中速继续揉面至面筋扩张，加入黄油和盐，低速搅拌至黄油被充分吸收。

（3）转高速揉至面筋扩张。

2. 成型

（1）在室温下，基础醒发 20 分钟。

（2）醒发完成后，分割成若干95g的小面团，卷成橄榄形，冷藏松弛30分钟。

（3）搓成60cm长条，做成蝴蝶结造型。

3. 发酵、烘烤

（1）放冰箱冷藏1小时以上，温度设置为5℃～10℃，放硬。

（2）碱水制作：1000g水煮开，放温，加入碱35g搅拌至碱溶解。

（3）拿出冷藏好的面包坯，放碱水里面30秒，捞出沥水，划刀口，入炉烘烤。

（4）以上火210℃、下火180℃的炉温烘焙12分钟出炉，面包外表呈深棕色。

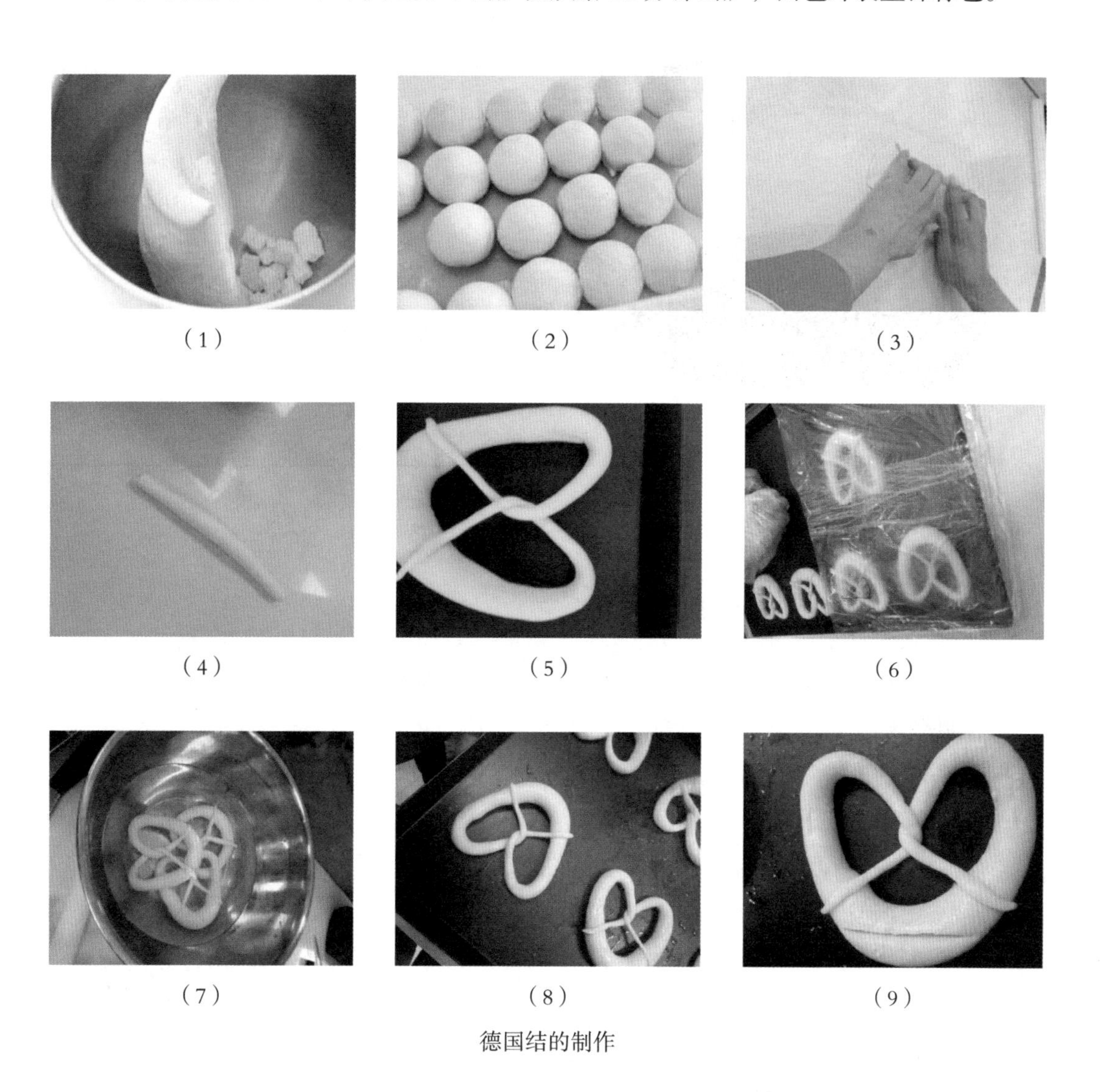

（1）　（2）　（3）

（4）　（5）　（6）

（7）　（8）　（9）

德国结的制作

第三节 牛奶奶酪面包（软欧面包）

牛奶奶酪面包

牛奶奶酪面包配方

原料		重量（g）
皮	高筋面粉	1000
	砂糖	70
	盐	8
	汤种	100
	干酵母	12（或鲜酵母 24g）
	水	650
	淡奶油	100
	黄油	30
馅	奶油芝士	200
	新西兰奶粉	50
	细砂糖	100
	炼乳	10

制作过程

工艺流程：制作汤种→制作奶酪馅→制作面团→成型→发酵→装饰→烘烤。

1. 制作汤种

汤种的制作详见汤种面包部分。

2. 制作牛奶奶酪馅

奶油芝士、新西兰奶粉、细砂糖、炼乳放入物料盆，所有原料搅拌均匀，备用。

3. 制作面包皮

（1）搅拌机中加入面粉、砂糖、干酵母、盐、汤种，加入水、淡奶油。

（2）慢速搅拌 2 分钟，再快速搅拌 8 分钟。

（3）面团搅拌完成后，加入黄油，慢速搅拌至黄油充分融入面团。

（4）面团常温下发酵 40 ~ 60 分钟，发酵后的体积是原来体积的 2 倍。

4. 成型

（1）发酵好的面团分成若干 250g 的小面团，用手轻拍，去掉 1/3 的气体，做成长方形面皮。

（2）在面皮上部挤上牛奶奶酪馅，卷成长橄榄形，再弯曲成牛角形。

（3）放入烤盘，注意间距。在企业生产中，一般每 6 个为一盘。

5. 发酵、烘烤

（1）半成品放入发酵箱，醒发 40～50 分钟。

（2）醒发完成后，在面包表面轻轻撒上面粉装饰。

（3）烘烤：以上火 220℃、下火 190℃ 的炉温烘焙，每 4 分钟喷蒸汽一次，12 分钟左右出炉。

（1）　（2）　（3）

（4）　（5）　（6）

（7）　（8）　（9）

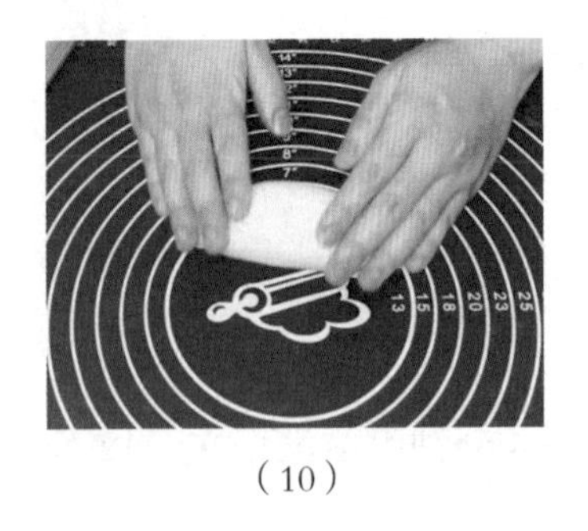
（10）

（11）

（12）

牛奶奶酪面包的制作

第四节　芝士培根面包（软欧面包）

芝士培根面包

芝士培根面包面团配方

原料	重量（g）
高筋面粉	1000
砂糖	50
盐	14
汤种	100
干酵母	12（或鲜酵母 24g）
水	650
黄油	30

制作过程

工艺流程：制作汤种→制作面团→成型→发酵→装饰→烘烤。

1. 制作汤种

原料和制作方法同牛奶奶酪面包。

2. 制作面包面团

（1）搅拌机中加入高筋面粉、砂糖、干酵母、盐、汤种，加入水。

（2）慢速搅拌 2 分钟，再快速搅拌 8 分钟。

（3）面团搅拌完成后，加入黄油，慢速搅拌，至黄油充分融入面团。

（4）面团常温下发酵 40～60 分钟，至原来体积的 2 倍。

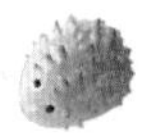

3. 成型

（1）发酵好的面团分成多个 250g 的小面团，用手轻拍，去掉 1/3 的气体，做成长方形面皮，长 30cm、宽 15cm。

（2）在面皮上放两片火腿，卷成长棍。

（3）放入烤盘，用剪刀剪成麦穗形状，注意间距。在企业生产中，一般每 6 个为一盘。

4. 发酵、烘烤

（1）半成品放入发酵箱，醒发 40 ~ 50 分钟。

（2）醒发完成后，在面包坯表面轻撒上芝士、罗勒叶。

（3）烘烤：以上火 220℃、下火 190℃ 的炉温烘焙，每 4 分钟喷蒸汽一次，12 分钟左右出炉。

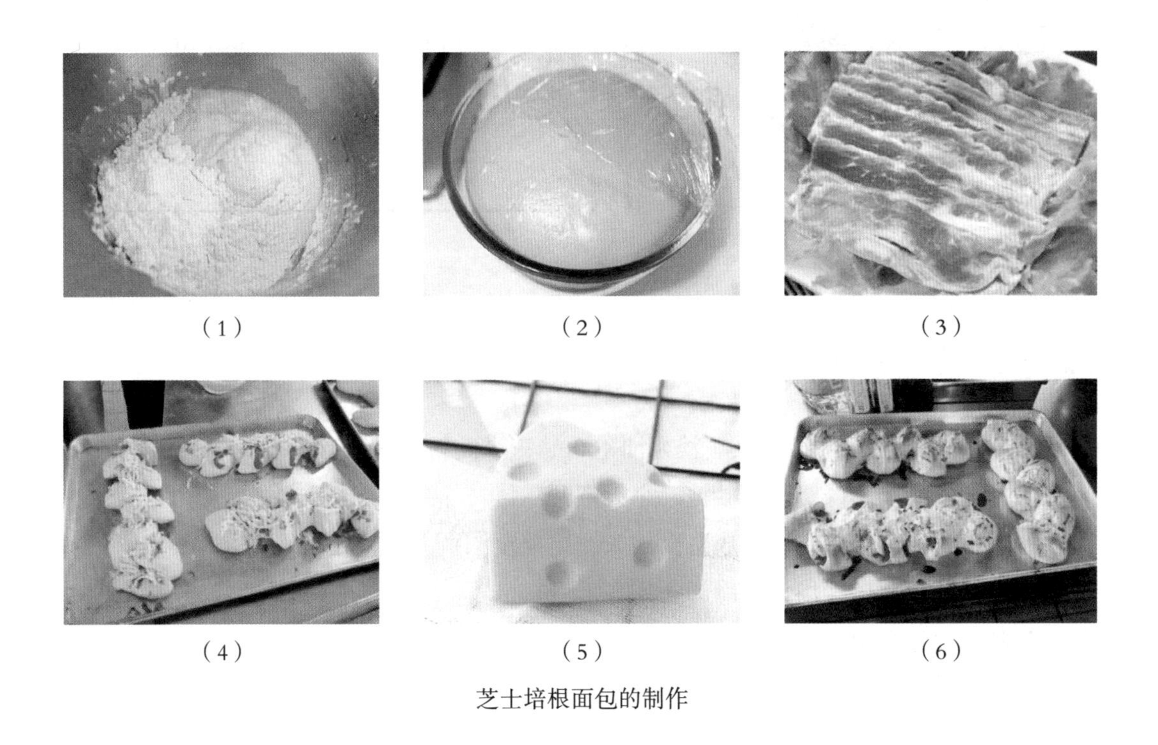

（1）（2）（3）（4）（5）（6）

芝士培根面包的制作

第五节　抹茶牛奶面包（软欧面包）

抹茶牛奶面包

抹茶牛奶面包面团配方

原料	重量（g）
高筋面粉	1000
抹茶粉	40
砂糖	50
盐	8
汤种	100
干酵母	12（或鲜酵母 24g）
牛奶	650
黄油	30
蜜红豆	100

制作过程

工艺流程：制作卡仕达酱→制作面团→成型→发酵→装饰→烘烤。

1. 制作卡仕达酱

卡仕达酱配方：牛奶 1000g、淡奶油 100g、玉米淀粉 100g、砂糖 150g、蛋黄 2 个。

（1）加入牛奶、淡奶油、砂糖，小火煮开。

（2）玉米淀粉用少许水化成浆，加入，搅拌至浓稠。

（3）加入蛋黄搅拌均匀，冷却备用。

2. 制作面包面团

（1）搅拌机中加入高筋面粉、抹茶粉、砂糖、干酵母、盐、汤种，加入牛奶。

（2）慢速搅拌 2 分钟，再快速搅拌 8 分钟。

（3）面团搅拌完成后，加入黄油，慢速搅拌，使黄油充分融入面团，加入蜜红豆，慢速搅拌均匀。

（4）面团常温下发酵 40～60 分钟，发酵后的体积是原来体积的 2 倍。

3. 成型

（1）发酵好的面团分成若干 280g 的小面团，用手轻拍，去掉 1/3 的气体，做成长方形面皮，在面皮上抹卡仕达酱，再撒上巧克力豆，卷成橄榄形。

（2）放入烤盘，注意间距。

4. 发酵、烘烤

（1）半成品放入发酵箱，醒发 40 ~ 50 分钟。

（2）醒发完成后，在面包坯表面轻撒面粉装饰。

（3）烘烤：以上火 220℃、下火 190℃ 的炉温烘烤，每 4 分钟喷蒸汽一次，12 分钟左右出炉。

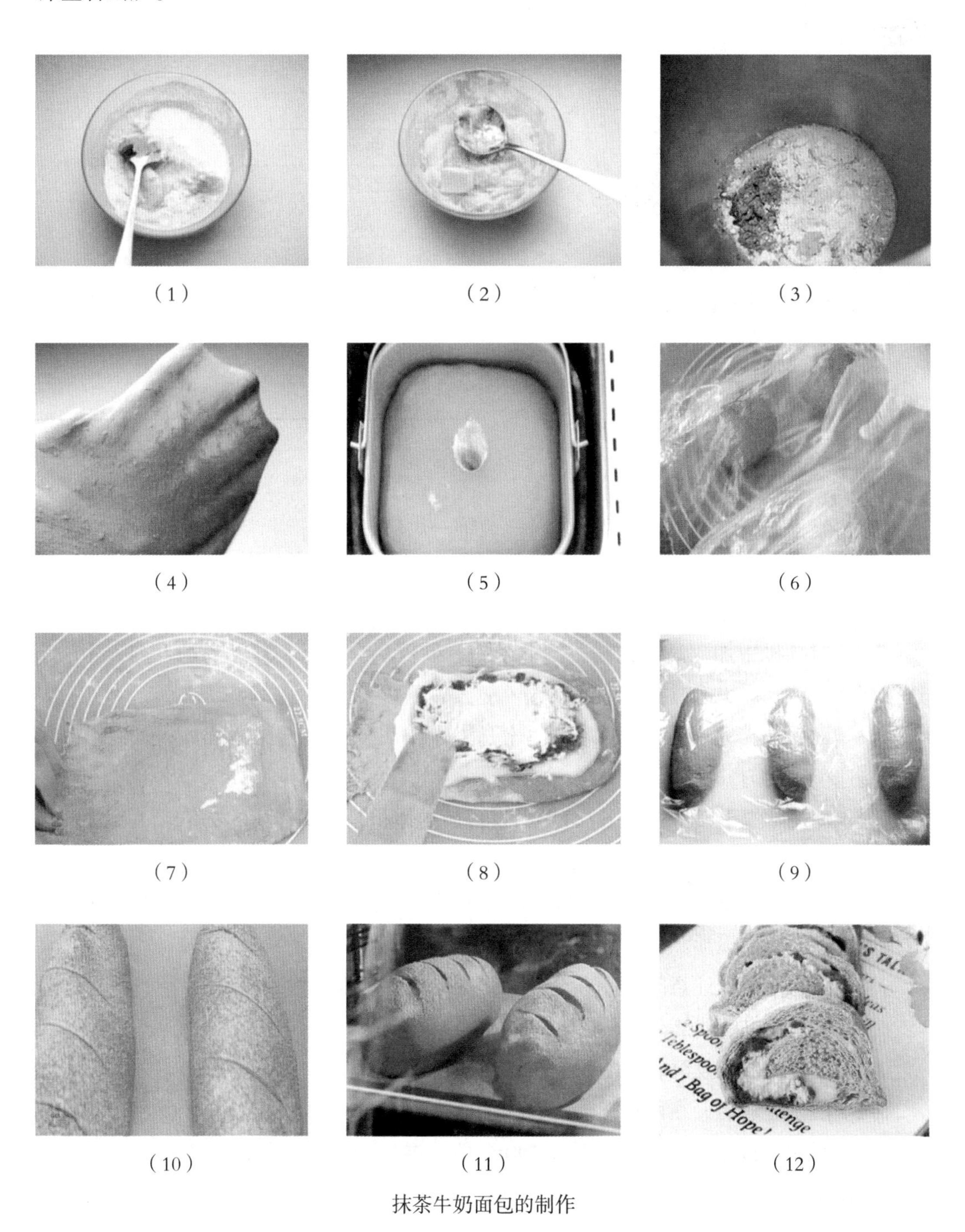

（1）（2）（3）（4）（5）（6）（7）（8）（9）（10）（11）（12）

抹茶牛奶面包的制作

第六节　蔓越莓高纤面包（软欧面包）

蔓越莓高纤面包

蔓越莓高纤面包配方

原料	重量（g）
高筋面粉	1000
燕麦片	50
红曲米粉	15
砂糖	80
盐	8
汤种	100
干酵母	12（或鲜酵母 24g）
水	600
黄油	20
蔓越莓干	200

制作过程

工艺流程：制作面团→成型→发酵→装饰→烘烤。

1. 制作面包面团

（1）先将燕麦片用料理机打碎。

（2）搅拌机中加入高筋面粉、红曲米粉、砂糖、干酵母、盐、汤种，加入水，慢速搅拌 2 分钟，再快速搅拌 8 分钟。

（3）面团搅拌完成后，加入黄油，慢速搅拌，使黄油充分融入面团，加入蔓越莓干，慢速搅拌均匀。

（4）面团常温下发酵 40 ~ 60 分钟，发酵后的体积是原来体积的 2 倍。

2. 成型

（1）发酵好的面团分成若干 280g 的小面团，用手轻拍，去掉 1/3 的气体，做成长方形面皮，卷成橄榄形。

（2）放入烤盘，注意间距。在企业生产中，一般每 6 个为一盘。

3. 发酵、装饰、烘烤

（1）半成品放入发酵箱，醒发 40 ~ 50 分钟。

（2）醒发完成后，在面包坯表面轻撒上面粉装饰。

（3）烘烤：以上火 220℃、下火 190℃ 的炉温烘焙，每 4 分钟喷蒸汽一次，12 分钟左右出炉。

蔓越莓高纤面包的制作

声 明

《面包制作教程》（主编马庆文、王庆活）、《蛋糕西饼制作教程》（主编王晓强、杨文娟），两本书是在王晓强协调下，四人联合编写的系列化教材，因此，书中涉及原材料的选择与使用内容，存在相同部分，两本书作者有交叉授权，特此声明。

王晓强 马庆文

2020 年 12 月 6 日